情動学シリーズ ①
小野武年 監修

Evolution of Emotions

情動の進化
動物から人間へ

渡辺 茂
菊水健史
編集

朝倉書店

情動学シリーズ　刊行の言葉

　情動学（Emotionology）とは「こころ」の中核をなす基本情動（喜怒哀楽の感情）の仕組みと働きを科学的に解明し，人間の崇高または残虐な「こころ」，「人間とは何か」を理解する学問であると考えられています．これを基礎として家庭や社会における人間関係や仕事の内容など様々な局面で起こる情動の適切な表出を行うための心構えや振舞いの規範を考究することを目的としています．これにより，子育て，人材育成および学校や社会への適応の仕方などについて方策を立てることが可能となります．さらに最も進化した情動をもつ人間の社会における暴力，差別，戦争，テロなどの悲惨な事件や出来事などの諸問題を回避し，共感，自制，思いやり，愛に満たされた幸福で平和な人類社会の構築に貢献するものであります．このように情動学は自然科学だけでなく，人文科学，社会科学および自然学のすべての分野を包括する統合科学です．

　現在，子育てにまつわる問題が種々指摘されています．子育ては両親をはじめとする家族の責任であると同時に，様々な社会的背景が今日の子育てに影響を与えています．現代社会では，家庭や職場におけるいじめや虐待が急激に増加しており，心的外傷後ストレス症候群などの深刻な社会問題となっています．また，環境ホルモンや周産期障害にともなう脳の発達障害や小児の心理的発達障害（自閉症や学習障害児などの種々の精神疾患），統合失調症患者の精神・行動の障害，さらには青年・老年期のストレス性神経症やうつ病患者の増加も大きな社会問題となっています．これら情動障害や行動障害のある人々は，人間らしい日常生活を続けるうえで重大な支障をきたしており，本人にとって非常に大きな苦痛をともなうだけでなく，深刻な社会問題になっています．

　本「情動学シリーズ」では，最近の飛躍的に進歩した「情動」の科学的研究成果を踏まえて，研究，行政，現場など様々な立場から解説します．各巻とも研究や現場に詳しい編集者が担当し，1）現場で何が問題になっているか，2）行政・教育などがその問題にいかに対応しているか，3）心理学，教育学，医学・薬学，脳科学などの諸科学がその問題にいかに対処するか（何がわかり，何がわかって

いないかを含めて）という観点からまとめることにより，現代の深刻な社会問題となっている「情動」や「こころ」の問題の科学的解決への糸口を提供するものです．

なお本シリーズの各巻の間には重複があります．しかし，取り上げる側の立場にかなりの違いがあり，情動学研究の現状を反映するように，あえて整理してありません．読者の方々に現在の情動学に関する研究，行政，現場を広く知っていただくために，シリーズとしてまとめることを試みたものであります．

2015 年 4 月

小野武年

●序

　本書は「情動学シリーズ」の第1巻である．近年情動研究への期待が実践・臨床場面だけでなく，基礎科学としても大いに高まっている．その意味でこの情動学シリーズの発行は誠に時宜を得たものといえる．さらに，我が国の脳科学，神経科学の研究の中では分子生物学の隆盛の影で最も立ち後れているのが進化研究なのであり，情動学シリーズに「情動の進化」が含まれていることは意義深い．

　情動はアリストテレス以来の古い研究テーマであり，かつては情念（passion）という言葉が使われてきた．運動（emotion）からの派生語である情動（emotion）が一般的に使われるようになったのは18世紀以降になってからである．用語の使い分けにはさまざまなものがあるが，大雑把にいえば，情動は受動的なもので（つまり原因がある），情念は情動と欲望（desire）が加わったものとして使用されていたようである．現在の心理学では情念という用語が姿を消し，情動はある原因にもとづく身体反応で，感情（feeling）はそれによって生ずる意識だと考えられている．行動主義心理学では情動はあまり扱われなかったし，その後の認知科学でも，サイモンやニューウェルのように当初からその重要性を指摘する意見はあったものの情動は主要な研究テーマたりえず，多くの関心を引くようになったのは20世紀末くらいからであろう．

　動物の情動の進化研究の出発点としてはダーウィンの表情の研究が有名であるが，どのような動物が情動を持つかという問題は基礎科学としてばかりでなく，動物の福祉や権利といった実践的観点からも重要である．脳の進化を考えると，脳はまず情動脳として始まり，やがて認知機能が加わるようになったと考える方が自然である．実際，情動に関する脳システムは種をこえて驚くほど似ている．本書では情動に関する第一線の研究者にお願いして各章を執筆していただいた．わかりやすい言葉で最新の研究まで紹介していただいているので高校生から専門家まで楽しんでいただけるかと思う．

　2015年4月

渡辺　茂

● **編集者**

渡辺　茂　　慶應義塾大学名誉教授
菊水健史　　麻布大学獣医学部動物応用科学科

● **執筆者**（執筆順）

廣中直行　　(株)LSIメディエンス薬理研究部
岡ノ谷一夫　東京大学大学院総合文化研究科広域科学専攻
菊水健史　　麻布大学獣医学部動物応用科学科
森阪匡通　　三重大学大学院生物資源学研究科附属鯨類研究センター
酒井麻衣　　近畿大学農学部水産学科
山本知里　　京都大学霊長類研究所
駒井章治　　奈良先端科学技術大学院大学バイオサイエンス研究科
渡辺　茂　　慶應義塾大学名誉教授
池田　譲　　琉球大学理学部海洋自然科学科
高橋英彦　　京都大学大学院医学研究科脳病態生理学講座（精神医学）
篠塚一貴　　理化学研究所脳科学総合研究センター親和性社会行動研究チーム
清水　透　　University of South Florida　Department of Psychology

●目　次

1. 快楽と恐怖の起源 ………………………………………［廣中直行］… 1
  1.1 快楽とは何か？　恐怖とは何か？ ……………………………………… 1
  1.2 快楽の起源をさぐる …………………………………………………… 8
  1.3 恐怖の起源をさぐる …………………………………………………… 17
  1.4 快楽と恐怖から人間を考える ………………………………………… 26

2. 情動認知の進化 …………………………………………［岡ノ谷一夫］… 33
  2.1 定義と概要 ……………………………………………………………… 33
  2.2 情動の表出 ……………………………………………………………… 34
  2.3 情動の知覚 ……………………………………………………………… 38
  2.4 情動判断による行動変容 ……………………………………………… 43
  2.5 情動認知の進化を説明する仮説 ……………………………………… 45
  おわりに …………………………………………………………………… 51

3. 情動と社会行動 …………………………………………［菊水健史］… 52
  3.1 親子の絆 ………………………………………………………………… 53
  3.2 遊び行動と情動 ………………………………………………………… 71
  3.3 性行動と情動 …………………………………………………………… 74
  3.4 攻撃行動と情動 ………………………………………………………… 87

4. 共感の進化 ………………………………………………［渡辺　茂］… 100
  4.1 共感とはなにか ………………………………………………………… 100
  4.2 共感にはどのようなものがあるか …………………………………… 105
  4.3 負の共感 ………………………………………………………………… 107
  4.4 正の共感 ………………………………………………………………… 116
  4.5 逆共感 …………………………………………………………………… 121

4.6　シャーデンフロイデ：他人の不幸は蜜の味か……………………125
　　4.7　共感の及ぶ範囲………………………………………………………129
　　4.8　共感の進化的意義……………………………………………………130

5. 情動脳の進化：さまざまな動物の脳の比較……［篠塚一貴・清水　透］…136
　　5.1　情動脳：情動にかかわる神経基盤の進化…………………………136
　　5.2　情動脳の発見…………………………………………………………138
　　5.3　ヒトの情動脳…………………………………………………………141
　　5.4　哺乳類の情動脳………………………………………………………149
　　5.5　哺乳類以外の情動脳…………………………………………………155
　おわりに………………………………………………………………………161

文　献……………………………………………………………………………167

索　引……………………………………………………………………………177

●コラム目次
　1.　ゼブラフィッシュに情動の起源をさぐる………………［廣中直行］…30
　2.　潜在脳……………………………………………………［廣中直行］…31
　3.　ミツバチの情動知覚……………………………………［岡ノ谷一夫］…42
　4.　魚類の痛み………………………………………………［岡ノ谷一夫］…45
　5.　鳥の歌のミラーニューロンと報酬系…………………［岡ノ谷一夫］…46
　6.　イルカのケンカと仲直り行動………［森阪匡通・酒井麻衣・山本知里］…96
　7.　動物の情動理解のための「微細行動解析」……………［駒井章治］…98
　8.　色模様で思いを表す動物…………………………………［池田　譲］…132
　9.　シャーデンフロイデの脳画像研究………………………［高橋英彦］…133
　10.　両生類のドーパミン系ニューロン群……………［篠塚一貴・清水　透］…164
　11.　メスのように怒るオスのメスのような脳………［篠塚一貴・清水　透］…165

快楽と恐怖の起源

1.1 快楽とは何か？ 恐怖とは何か？

a. 情動の復権

　情動は長らく理性の下位に置かれ，理性で抑制すべきものと考えられてきた．たとえば，ローマ帝国の賢帝マルクス・アウレーリウス（Marcus Aurelius）はこのようにいう．「渦巻きに足をさらわれてしまうな．あらゆる衝動において正義の要求するところに添い，あらゆる思念において理解力を堅持せよ」[1]．ここで「渦巻き」とは激しい感情の嵐のことである．人は感情にとらわれたときに自由を失う．今日の言葉でいえば，行動のレパートリーが制限される．理性的な思考においてのみ，人は自由を獲得し，人間らしさを保つ．哲学者たちはこう考えたようである．

　人間的なものと動物的なものの二項対立を打破したのは，いうまでもなくチャールズ・ダーウィン（Charles Darwin）である．動物の形態比較から始まったダーウィンの進化研究は，後年，当然のように情動の研究に向かった．人間と動物の情動の表出には共通性が認められるからである（図1.1）．ダーウィンは1872年に著した『人及び動物の表情について』の中で，情動の科学的研究がとるべき方法を六つあげている[2]．それは①幼児の行動を研究すること，②精神疾患の患者の情動を研究すること，③筋肉の刺激などによって実験的に表情の変化を起こし，その影響を研究すること，④絵画や彫刻にあらわれた表情を研究すること，⑤異文化の比較研究をすること，⑥動物の行動を研究すること，であった．これらはそれぞれ発達心理学，異常心理学，実験心理学，芸術心理学，民族心理学，比較心理学に相当し，我々はいまでもこの路線の上を歩いている．ダーウィンは誠に，先を見通す天才的な目を持った人であったといえるだろう．

　今日では，情動はもはや価値の低い動物的な衝動のあらわれと考えられてはい

図 1.1 ネコの「怒り」の表出（ダーウィン，1931）[2]
毛を逆立てる，歯をむき出す，いつでも飛びかかれる姿勢をとるなどの行動に人間との共通点が認められる．

ない．もしも我々が何事にも恐怖を感じないとしたら，我々は危険なところへも進んで身を運び，命を落としてしまうであろう．また，我々が何事にも快楽を感じないとしたら，食物や繁殖の相手を見つけることができず，生存の可能性を減らしてしまうであろう．情動こそ環境に適応するように動物の行動を調整する原動力，ひいては自然選択による進化を促した主因なのである[3]．

これから，情動の中でも最も我々の生存と関連の深い二つのもの，すなわち快楽と恐怖について考えることにしよう．それに先立って，まず感情と情動の違いについて簡単に説明しておく．心理学の一般的な用語法に従えば，情動は感情の下位概念である．感情の中でも①誘発する刺激や出来事が特定できるもの，②強い反応であり，始まりと終わりがはっきりしているもの，③身体的な反応を伴うものを情動という．日本語ではどちらにも「情」という字が入っているので区別しにくいが，英語では情動は"emotion"，感情は"affection"もしくは"feeling"で，両者の語感は明確に異なる．情動は動き（motion）を起こすもの（e-）なのである．人間以外の動物の行動を研究する立場からすると，感情よりも情動のほうが使いやすい．そこで，以後は感情という言葉を離れて情動を使うことにする．また，「動物」という言葉は，特に断らない限り人間も含むものとして使うことにする．

b. 「快楽」とは？

　ルネ・デカルト（Renés Descartes）の『情念論』以来，数多くの情動理論が作られた．いったい動物には何種類の基本情動があるのか，それらはお互いにどのような関係にあり，どういう構造を作っているのか？　それはいまだにわからない．

　しかしどのような情動理論でも必ず想定している軸，あるいは次元がある．それが「快」と「不快」である．じっさい，これらは我々の体感からしても最も基本的な情動である．我々は生まれたばかりの乳児の行動にも快と不快の徴候を見てとることができる．また，重度の認知症に陥って，ほぼあらゆる情動が鈍磨してしまったような人でも「喜んでいる」か「嫌がっている」かはわかるという．

　本章では強い快情動のことを示す言葉として「快楽」を使う．しかし，実をいうと，日本語のこの語感はあまりよろしくない．それはおそらく「楽」という字のせいであろう．これは古代中国で音楽を演奏するときに，木の枝に鼓をぶら下げて音を出した様子を表す象形文字から進化したものである．したがって「労力を要しない」という意味にも使われるのである．だが，いまはそのことにはこだわらず，英語で"hedonic impact"もしくは単に"pleasantness"と呼ばれている情動を表すものとして「快楽」を使おう．

　そうするとその「快楽」とは何だろうか？　何らかの行動に伴う主観的な印象をこのように呼んでいることは間違いないが，それはどういう行動なのだろうか？　我々が快楽を覚える対象といえば，美食，性，安寧，金銭，権力など…さまざまにあるが，こうして並べてみると何やら情けない欲望のリストのようにも思える．我々はこんなものを求めて生きているのだろうか？　しかし，話を動物界全体に広げると，快楽と関係しているのは「接近行動を起こさせるような対象である」ということができる．その対象を総称して「報酬」と呼ぶ．動物は報酬を探索する．ほとんどの場合，報酬は個体の生存と種の繁栄に役立つからである．暫定的な定義ではあるが，快楽とは報酬探索に伴って生じる情動であると考えておこう．

　情動はその定義からして身体反応を伴う．快楽を示す何らかのマーカーが存在するはずなのである．人間の場合は笑顔がそのマーカーの一つであろう．しかし，人間以外の動物で「笑顔」を観察するのは非常に難しい．このため，情動の生物学的研究はまずもって「恐怖」や「怒り」のような不快情動で進み，快の研究は

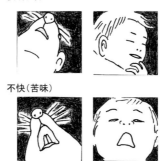

図 1.2 甘い味に対する「快」の反応（Berridge and Keingekbach, 2000）[4]
ラット（左）とヒト乳児（右）に共通性が認められるという．

遅れたのである．もっとも，この頃では人間以外の動物で快楽のマーカーを積極的に見つけようという試みも興ってきた．

その一つに，ミシガン大学のケント・ベリッジ（Kent Berridge）（心理学）が十数年追究している味覚に対する応答の研究がある．ラットの口腔内に甘いショ糖溶液を垂らすと，ラットは口を大きく開き，舌を後退させ，溶液を嚥下しやすい「表情」を作る（図1.2左）．ベリッジはこれが快楽の表情だというのである[4]．しかし，この図をみても，筆者には特に「快」らしくは見えない．ベリッジの論文にある写真はもっと不鮮明で，あくびのように見えるだけである．だが，これを人間の笑顔（図1.2右）と対比させてみると，いくつか符合する特徴があることに気づく．すなわち，人が笑うときにも口を横に長く開き，舌を後退させる．口を横に開くために大頬骨筋は緊張し，頬は丸みを帯びる．眉をつりあげる皺眉筋は弛緩する．人をなごませ，人間関係を円滑にする笑顔の起源は，口中にモノを取り入れるための顔であったという可能性は，実験で実証するのはたいへん難しいとしても，興味深いことではある．

c.「恐怖」とは？

「快楽」を接近行動に関連させて考えるならば，「恐怖」は逃避行動に関係する情動ということができる．すなわち，行動に随伴させて「恐怖」を引き起こすような事象が起こったら，その後その行動の生起頻度は減るのである．

ところが、このように広い意味を考えてしまうと、それは「不快」一般に拡張されてしまう．「不快」の下位に入る情動には恐怖ばかりでない．「嫌悪」「怒り」など、さまざまなものが含まれるだろう．実際、ベリッジは、ラットの口腔内に苦味の強いキニーネの溶液を滴下したときの反応を「嫌悪」の徴候としている．そのときラットは口をすぼめ、舌を突出し、何かを払いのけるように前肢を動かすという．これは人間でいうと「不快」や「拒絶」であり、「恐怖」とは違うであろう．

それでは恐怖のマーカーを我々が知らないかというと、実はよく知っているのである．たとえば、1947年と古いデータにはなるが、第二次世界大戦に従軍したアメリカの帰還兵に対して、敵兵（その中には日本兵も含まれていただろう）と突然遭遇したときにどんな体験をしたかを調べた研究がある．そのときに起こった反応は表1.1のようなものであった[5]．これらは我々が日常的に「恐怖」の徴候であると思っていることにほかならない．このような反応はその後の行動頻度を減らすように作用するから（戦場ではそうはいかないかもしれないが）、恐怖が逃避行動に関係しているという大枠は正しいのである．

恐怖はまた記憶の一種でもある．「恐ろしいこと」はよく覚えている．単によく覚えているだけではなく、過去に恐怖が誘発された状況と似た状況に遭遇した

表1.1 戦場で体験した「恐怖」の徴候（Atkinson et al, 2000による）[5]

	ときどき（%）	しばしば（%）	合計（%）
動悸・心拍増加	56	30	86
筋肉の緊張	53	30	83
焦燥感・怒り	58	22	80
喉や口の渇き	50	30	80
発汗・冷や汗	53	26	79
のぼせ・興奮	53	23	76
現実離れした感じ	49	20	69
頻尿	40	25	65
震え	53	11	4
混乱・錯乱	50	3	53
脱力感	37	4	41
記憶が飛びそうな感じ	34	5	39
胃の不快感	33	5	38
集中困難	32	3	35
失禁	4	1	5

ときには，その恐怖体験がまざまざとよみがえる．これは「危険な目に遭う事態を避ける」ためには適応的なのであるが，それほど危険ではない状況でも恐怖体験がよみがえってしまうと非適応的で，日常生活に支障を来す．したがって恐怖の研究は，過度の恐怖症あるいは不安を治療するという意味からも大事なのである．表1.1に現れた徴候を再度よくみると，これらの徴候は現在進行している行動を緊急に停止させる性質を持っていることがわかる．そこで若干入り組んだ言い方ではあるが，恐怖とは行動を緊急停止させるような身体的マーカーの変動を伴い，逃避行動を誘発し，しかもその痕跡を長く残すような情動反応であるということができるであろう．

d. 情動は化学物質か？

情動の起源を考えるときに，我々は何を手がかりにしたらよいだろうか？

行動の見かけの類似性は重要な手がかりである．ダーウィンが情動の進化に思いをめぐらせたときも，まず着目したのは人間以外の動物の行動と人間の表情の類似性であった．しかし，見かけの類似性には限界がある．先に述べたように，我々は人間以外の動物に「これは」という快楽のマーカーを見いだしていないからである．前後の文脈に照らして，おそらくこれが快楽であろう，恐怖であろうと類推することはできるが，それらは擬人的な解釈であるという批判を免れない．

脳の神経回路も重要な手がかりである．人間の脳にも齧歯類の脳にも，たとえば「海馬」と呼ばれる構造や「嗅球」と呼ばれる共通の構造がある．しかしながら，同じ構造が認められるからといって，機能までも同じとは限らない．齧歯類では皮質下の構造が担っているような機能が，人間の脳では大脳新皮質で営まれている場合があることはよく知られている．

何を手がかりにしても限界はあるが，本章では一つの試みとして，脳内の化学物質に着目してみようと思う．脳は一種の化学装置である．神経細胞は，細胞の中に陽イオンが流入してくるから電気的な興奮を起こす．我々はいまでも原始の海の中に棲んでいる．神経終末まで伝えられた電気的な興奮は，「神経伝達物質」という化学物質に置き換えられて神経細胞の間隙（シナプス）を渡る（図1.3）．このように，化学物質によるリレーがあるからこそ，神経回路は電子回路のように固定的なものではなく，時々刻々と伝達の効率を変えるのである．とりわけ情

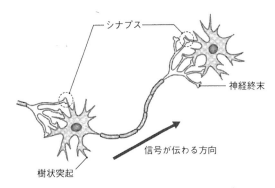

図 1.3 シナプス伝達（廣中，2013 より）[6]
神経細胞は細胞体や「樹状突起」にある「受容体タンパク質」で他の神経細胞から放出された「神経伝達物質」を受け止め，その信号の総和がある一定の閾値を越えると電気的な興奮を始める．その興奮が「神経終末」に伝わると，そこからまた神経伝達物質を放出し，近隣の神経細胞に情報を伝える．

動のように，瞬間的な神経活動の背後にあって，数秒から数時間，場合によってはもっと長時間にわたって神経活動を変容させるような要因は何かと考えたときに，化学物質が思い浮かぶのは自然なことでもあるだろう．

　我々の脳内にあって，神経活動を支えている化学物質は，神経伝達物質に限っても100種類以上はあるといわれている．このような化学物質は脳内で複雑なネットワークを構成している．化学物質に着目すると，解剖学的な局在論の限界を越えることができる．さらに，細かな化学構造に種差はあるものの，基本的には齧歯類からヒトまで，似たような化学物質が似たような機能を担っている．そのことは，たとえば睡眠薬や覚せい剤といった薬物が齧歯類でもヒトでも基本的には同じ反応を起こすことからもわかる．

　もっとも，化学物質の働きを，たとえば「快感を起こす物質」「恐怖を起こす物質」といったように，単純に定義するのは誤りである．同じ物質でも作用する神経回路によってさまざまに機能を変える．また，情動は多数の化学物質が織りなす交響的なシステムの中で生まれてくるものであり，少数の「目立つ」化学物質を手がかりに話をするのは，あながち間違いとはいえないが，他にも大事な物質があるのを見落とすおそれがある．絞り込みの枠から外れた数多の「脇役」がおり，本当はそちらのほうが主役で，まだその姿がヴェールを脱いでいないだけかもしれない．このような限界はあるが，まずその限界をわきまえておいて，快楽や恐怖の起源について考えよう．

1.2 快楽の起源をさぐる

a. 脳内の「報酬系」

　前節で「快楽」という日常的な言葉を「報酬探索に関連のある情動」と置き換えた．この置き換え自体に無理があるかもしれないが，いったんは日常用語のイメージを離れないと生物学的な探求は進まない．

　動物にとって報酬になるものとして研究が進んだのは，一つには食物，もう一つには繁殖の相手であった．すなわち，歴史的には摂食行動と性行動が報酬探索の二大研究テーマであるといってよかった．

　このような行動に関係の深い脳部位としてまず注目されたのは，間脳の「視床下部」であった．すなわち，視床下部の腹内側核に損傷を作った動物は餌を食べ過ぎて肥満となり，一方，外側視床下部に損傷を作った動物はものを食べず，やせ細る．また，視床下部のやや前方にある内側視策前野はオスの性行動を促進し，視床下部の腹内側部はメスの性行動を促進する．

　それでは視床下部が報酬探索の中枢なのだろうか？　そのように考えられなくもないが，いくつか問題がある．まず，視床下部が調節しているのは「食べる」「交わる」といった要素的な行動である．次に，視床下部の機能は多彩で，体温の調節から自律神経系（交感神経系）の調節，ホルモン分泌の調節まで，およそ「生きる」ことにかかわる反応の大部分と関係しており，その多彩な機能を「報酬探索」とひとくくりにするわけにはいかない．さらに，摂食行動や性行動といった要素的な行動のそれぞれに中枢があるのならば，いったい何種類の「報酬探索」を考えればよいのだろうか？

　ここに，ブレイクスルーをもたらしたのが1950年代の半ばにジェイムズ・オールズ（James Olds）らによって発見された「脳内自己刺激行動」（第5章参照）である．すなわち，脳内のある部位を微弱な電流で刺激すると，その刺激はときに食物の獲得よりも強い報酬になる（図1.4）．それは脳内のどの部位なのか？　それもほどなくマッピングされた．その部位は要素的な行動を調節する部位よりも広く，「経路」と呼んだほうがよかった．その経路には「脳内の報酬系（reward system）」という名前をつけた（第5章の図5.2参照）．この経路は外側視床下部を通過するから，食物摂取が報酬探索であるという事実とも矛盾はしない．だが，電気の刺激に対する生理的な欲求が存在するとは考えにくい．そこで，報

系はおよそあらゆる報酬探索に共通する「総論」的な機能を受け持ち,食物や性などといった「各論」をつかさどる個々のシステムと相互に調節しあっているという構造が考えられるわけである.たとえば「美味しいものの食べ過ぎ」は,栄養摂取をつかさどる「各論」システムと,「美味は快楽」という総論部分(報酬系)の相克から生まれる.

さらに,電気による自己刺激行動の発見に追い討ちをかけたのが,動物の静脈に留置したカテーテルから麻薬や覚せい剤が注入されるようにしておく実験であった.動物が小さな梃子(レバー)のスイッチを押すと,少量の薬液が体の中

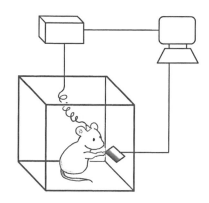

図1.4 脳内自己刺激行動
動物がレバースイッチを押すと脳に埋め込まれた電極から微弱な電流が与えられる.

図1.5 薬物自己投与行動
動物がレバースイッチを押すと血管に植え込まれたカテーテルから少量の薬液が与えられる.

に入る.この実験で,ヒトに乱用される薬物の多くは「報酬」となり,動物もそれらを「求める」ことが明らかになった（薬物自己投与行動という）（図1.5).動物は（ヒトも含めて）こういう薬物を「報酬」と感知するメカニズムを持っている.薬理学と生理学を組み合わせた実験から,このような薬物もオールズ（Olds）の発見した「報酬系」に作用していることが示され,報酬系は「快楽のセンターである」という考えはますます強くなった[7].自己投与行動の発見によって,「快楽の化学」は一挙に進歩した.

b. ドーパミン・ストーリー

脳に効く薬物の多くは神経伝達物質に作用する.神経伝達物質の中に,「カテコラミン」と総称される化学構造を持ったものがある.すなわち,ドーパミン,ノルアドレナリン,アドレナリンである.これらは「チロシン」というアミノ酸から生体内で合成される.チロシンが酵素の働きによって「ドーパ」と呼ばれる物質になり,ドーパからドーパミン,ドーパミンからノルアドレナリン,ノルアドレナリンからアドレナリンが作られる.ところが研究の歴史はこれとは逆で,末梢の臓器にホルモンとして作用するアドレナリンの研究が最初に進み,次に自律神経系で重要な働きをするノルアドレナリンの働きが明らかになり,その次にもっぱら脳で働いているドーパミンの研究が盛んになった.神経伝達物質としてのドーパの役割は現在も活発に研究されているところである.

1960年代初頭,スウェーデンの研究者らが,ラット脳の凍結切片にホルマリンガスを蒸着し,蛍光を当てて発色させ,ドーパミンやノルアドレナリンを染め出すことに成功した.この技術によってドーパミン含有神経やノルアドレナリン含有神経の局在が明らかになったが,それらは不思議にも報酬系と一致していた.報酬探索に関連する物質としてドーパミンとノルアドレナリンのどちらが大切なのか,あるいは両方とも大切なのかについては議論があったが,薬理学的な研究から,1970年代には「ドーパミンが主役である」という結論にほぼ落ち着いた.

ドーパミン含有神経の起始核は腹側被蓋野（スウェーデンの研究者がA10と名づけた細胞群）にあり,側坐核に向かって投射する（中脳-辺縁系ドーパミン神経系).これに隣接する形で,黒質（A9）から線条体に投射する経路もある（黒質-線条体系ドーパミン神経系).後者は主に運動の開始にかかわっており,こち

らのドーパミンが枯渇する病気がパーキンソン病である．しかし，これら両者には相互関係がある．すなわち，側坐核から黒質に向かう神経系があり（この神経系は伝達物質としてグルタミン酸を使っている），これを介して①中脳-辺縁系の賦活，②側坐核から黒質に至る経路の賦活，③黒質-線条体系の賦活，という順番で報酬に向かって体が動くと考えられるのである．ただし，側坐核から淡蒼球を介して運動指令を発する系もある．また，線条体の特に背側部は習慣化した行動とのかかわりが強い．近年，*in vivo* ボルタメトリという時間解像度の高い電気化学的分析方法が用いられるようになり，食物のような自然の報酬に対しても側坐核からドーパミンが放出されることが確かめられた．しかも報酬価値の大きな「美味な」食物に対しては，通常の食物よりも多くのドーパミンが放出されるようであった[8]．

1980年代の初頭には，報酬系が快楽のセンターであり，ドーパミンこそ快楽を起こす物質，すなわち"pleasure molecule（快楽分子）"であるという説が主力であった．いまでも「ドーパミンが出る」＝「気持ちがいい」と信じられている向きがある．しかしこれはいささか実情とは異なる．

その見直しのきっかけになったのは，いくつかの動物実験であった．すなわち，ネコの腹側被蓋野の神経活動を調べると，この部位の神経細胞はフラッシュの光やクリックの音のような単純な感覚刺激にも反応した．これだけなら「新奇な感覚刺激は報酬である」といえなくもないが，ラットの尾をクレンメで挟むような「痛み」でもドーパミンの遊離が増えた．

すなわち，「ドーパミン＝快」という図式は単純すぎるのである．それならば報酬系のドーパミンは何をやっていると考えたらよいのだろうか？　報酬探索の認知的な側面におけるドーパミンの機能は第5章で詳述されるが，それをややかみ砕いた表現でいうならば，「この事態は自分にとって重要と思われるから，以後これに注目するように行動を修正しよう」という信号を出しているらしいのである．この信号は側坐核から大脳皮質の前頭前野に向かって発せられる．実際に行動を修正するのは前頭前野の仕事である．また，そういう信号の中には「これは報酬であるから接近せよ」というものが多く，それが自覚されるところに「快」が生まれるのではないかと考えられる．

このように「報酬（＝注目すべきできごと）の認知」にかかわる一方で，報酬系のドーパミンは，報酬に向かって実際に体を動かすときにも重要な役割を果た

している.

　ドーパミンに対する選択的な神経毒（6-ハイドロキシドーパミンという）を用いて側坐核のドーパミンを枯渇させ，報酬探索行動の変化を調べたジョン・サラモーン（John Salamone）らの研究によると，側坐核のドーパミンの濃度は，報酬を獲得するためにどれだけの労力を費やすかを決めているという．すなわち，側坐核のドーパミンを枯渇させたラットは，1粒の錠剤型の餌を得るのに50回レバーを押すことはできた．しかし，2粒の餌を得るために100回となると，レバー押しの頻度は若干低下し，4粒の餌を得るために400回となると，ほとんどレバー押しをしなかった[9]．ここで興味深いのは，50：1という比率は変えてないことである．すなわちドーパミンのレベルは「労働（反応コスト）」の効率にではなく，絶対量に関係しているのである．

　この頃サラモーンらはレバー押しの「コスト」をほんのわずかに変えたときの側坐核のドーパミンの動きを調べている．この実験では，レバーを1回押せば1粒餌が得られる条件で何日かラットを訓練した後，レバーを5回押さないと1粒の餌がもらえないように条件を変えた．この程度の「コスト増加」ならば行動としては難なくクリアーできる．しかし，脳内の化学物質をミクロな透析膜で回収して分析するマイクロダイアリシスというテクニックを使って側坐核のドーパミン遊離を測定してみると，「コスト」を上げた初日には外殻領域（shellという）の遊離が約3倍に増え，2日目には中核領域（coreという）の遊離が2.5倍に増えた（ただし，普通の餌ではこんなにはっきりドーパミンは増えない．この実験では特別にカロリーの高い餌が使われている）．また，レバーを押すという「仕事」をせずに，いくらでも餌粒が食べられる比較対照動物では，側坐核のドーパミン遊離は増えなかった[10]．

　ここで興味深いのは，「コスト」を上げたことによって，実際に餌を手に入れる回数はそれなりに減ったことである．したがってこの実験によれば，ドーパミンの遊離が増えたのは「美味な餌が口の中に入った」という「快」のせいとは思われないのである．また，初日と2日目のレバー押し回数はほぼ同じだったので，「よく働いたからドーパミンが増えた」ともいえない．サラモーンらはこうしたドーパミン遊離の増加を裏づける分子生物学的なマーカーについても報告しているが，わずかな「コスト」の増加によってなぜドーパミン遊離が増えるのだろうか？　サラモーンの解釈は慎重である．事態が変わったことが珍しかったか

らかもしれず，若干のストレスを感じたのかもしれず，学習による習熟の影響があったかもしれず，いまのところどれとも断定できないという．

　このように，ドーパミンと快楽の物語は，報酬を求める「動機づけ」の話に姿を変えつつある．ここで私たちは「これから手に入れる報酬」と「すでに手に入った報酬」の違いを考えてみなければならないだろう．もちろん，ひとたび手に入ったからこそ，それは「報酬」と認知されたのであり，そのことが新たな探索行動を動機づけるので，これら両者は円環的な関係にある．しかし，ドーパミンの役割はどうやら主として「これから手に入れる報酬」にかかわっているようである．それを我々の生活に当てはめれば，ある場合には欲求不満をも起こし，「もっと手に入れたい」と思わせるモノが確かに存在する．そのモノに向かって進んでいくときの「快」をドーパミンが担っているといえるのではないだろうか．

c. オピオイド・ストーリー

　モルヒネやヘロインのような麻薬類が陶然たる境地や多幸感を起こすことは，古くからよく知られていた．たとえば，究極の快楽を追究したビート世代の作家ウィリアム・バロウズ（William Burroughs）はこのようにいう．「モルヒネの効果はまず足の背面，続いて首のうしろ側に現れ，心地よい弛緩の波が広がって，全身の筋をとろかし，温かい塩水に浸って横たわっているように，何かふわふわしたものになって浮かんでいる気分になってくる」[11]．このような薬物はドーパミンとは違う意味で「快楽」に関係しているだろう．本章で検討すべきもう一つの「快楽」は，阿片のような麻薬を題材にして研究が進んだものである．これはドーパミンが関与するような，動物を目標への接近に駆り立てる「快楽」ではない．実際，摂食行動に関係の深い「孤束核」という部位にモルヒネと似た作用の"DAMGO"という薬物を注入すると，ラットの摂食行動は，「もうこれ以上はいらない」とでもいうかのように止まる[12]．ベリッジも麻薬系の脳内システムが活性化されたときの感覚は充足感や満足感であるという[4]．

　モルヒネには拮抗薬が存在する．拮抗薬の中には，モルヒネと併用するとモルヒネの鎮痛作用に拮抗しながら，自らも鎮痛作用を持つ「麻薬拮抗性鎮痛薬」（ペンタゾシン，ブプレノルフィン）という薬物もあり，それ自体ではほとんど鎮痛効果を持たない拮抗薬（ナロトレクソン，ナロキソン）もある．いずれにせよ，拮抗薬が存在するということは，神経細胞の中に，その薬を受け止めるタン

パク質，すなわち「受容体（レセプター）」が存在するということである．

しかし，植物由来の化学物質に我々の脳が受容体を用意しているのは奇妙な話である．それは阿片のための受容体ではなく，もともとその受容体に結合する内因性の神経伝達物質を我々は持っているに違いない．つまり動物は脳の中には痛みを鎮め，多幸感を起こす物質が存在しているのだろう．1970 年代にはこういう考えのもとで，ソロモン・スナイダー（Solomon Snyder）らによって，麻薬の受容体（オピオイド受容体）と内因性の結合物質の研究が盛んに行われた．

たしかにそのような内因性物質が存在し，それは「エンドルフィン類」と総称された．この言葉は「体内にある（エンド）」「モルヒネのようなもの（オルフィン）」という意味である．その正体は「β-エンドルフィン」「エンケファリン」といったペプチドであった．また，受容体は 1 種類ではなく，少なくとも「μ（ミュー）」「δ（デルタ）」「κ（カッパ）」という 3 種類あることも明らかになった．初期には「σ（シグマ）」というものも考えられたが，いまでは σ 受容体は実は受容体ではないことがわかっている．また，これらのうち κ は「ダイノルフィン」というペプチドに結合し，これは多幸感ではなくむしろ不快感を起こす．多幸感や鎮痛効果に強く関係するのは μ 受容体のようである．

μ 受容体は脊髄の後根に存在する．それによって末梢の感覚神経からの痛みの信号を抑制している．さらに延髄にも存在し，痛みの信号が脳に届くのをブロックしている．脳内では視床に高濃度に存在し，痛みの信号が体性感覚野に届くのをブロックしている．さらに，脳から脊髄に至る下行性のノルアドレナリン神経系にも μ 受容体がある．この下行性の神経系が活性化されると，脊髄から上行する痛みの信号は脳に伝わりやすくなる．したがって，μ 受容体が下行性ノルアドレナリン神経系を抑制するということは，痛みに対する感受性を落としているわけである．以上をまとめると図 1.6 のようになる．

このように μ 受容体は痛みが感覚として脳に伝えられる経路の中間にあって，痛みの信号をブロックしているが，それらに結合する内因性の物質は脳の中のどこにあるのだろうか？　エンケファリンは尾状核，視床下部，中脳中心灰白質などにある．また β-エンドルフィンは下垂体に局在している．実際，β-エンドルフィンは「プロオピオメラノコルチン」と呼ばれる大きな前駆体ペプチドから切り出され，ストレスに関係する副腎皮質刺激ホルモン（ACTH）などと出自が同じなのである．

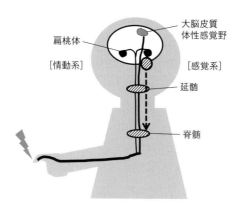

図 1.6 痛みの伝導経路とオピオイド受容体の存在する場所（斜線部）
オピオイド受容体は報酬系にも存在し，多幸感を起こす．

そうなるとここで我々は若干不思議な事実に直面する．エンドルフィン類は痛みの中継核の「ど真ん中」に存在してはいないのである．β-エンドルフィンの局在はむしろストレスとの関連の近さを連想させる．

ここでもう一度，阿片類の起こす多幸感について考えてみよう．モルヒネやヘロインは動物に強い摂取欲求を起こさせる．繰り返して経験したくなり，やがては依存状態に陥ってしまう．この摂取欲求のメカニズムは，腹側被蓋野のドーパミン神経細胞を抑制する GABA 神経細胞の膜上に μ 受容体が存在することで説明されている．すなわち，その μ 受容体にモルヒネが結合すると，GABA 神経の抑制が解除され，それによって腹側被蓋野のドーパミン神経が活発に活動し，側坐核からのドーパミン放出が増えるのである．これが，動物が麻薬を「欲しがる」メカニズムである．つまりそれは結局ドーパミンに帰着する．ただしこの系は内因性の β-エンドルフィンでは動かない．我々は内因性の物質に対する「摂取欲求」を持たないのである．

それではエンドルフィン類はいかに「快楽」と関係があるのだろうか？

これについては昔から麻薬系の鎮痛薬について不思議なことがいわれてきた．つまりそれは本当に「痛みを消す」のではなく，「痛いことは痛いが，その状態が不快ではなくなる」のではないかという話である．痛みの信号を根本から消失させるものといえば，それは局所麻酔薬以外にはない．局所麻酔薬は本当に痛みや，触覚さえも消してしまう．モルヒネは決してそのような薬ではない．痛いと

ころに何かが触っている感覚は残しているのである．

ここで，図1.6の「痛みの伝導経路」が脳内で2経路に分かれていることに注目しよう．すなわち，痛みには視床を介して体性感覚野に至る「感覚」の経路と，扁桃体を介して中脳水道周辺灰白質に至る「情動」の経路がある．μ受容体は両方の経路に存在する．しかし内因性のオピオイド，すなわちエンドルフィン類は情動の経路のほうのみにある．この経路は「不快」を抑制しているのだろうか？　それとも「快楽」を惹起することによって，痛みによる不快を軽減しているのだろうか？

これはまだ「どちらである」ともいえない．

しかし，「不快を抑制している」と考えられる実験結果がある．ラットの足蹠にホルマリンを局所注入し，浮腫を起こして痛みを誘発する．これを白と黒が隣接した部屋の一方で行い，その後両方の部屋での滞在時間を測定する．そうすると「痛み」を経験した場所には行かなくなり，そちらの部屋での滞在時間は減少する．この忌避傾向をモルヒネは抑制するが，興味深いことに，そのときのモルヒネの用量は鎮痛効果が出ないぐらいの低い用量なのである．さらにこのモルヒネの効果の責任部位は，感覚としての痛みの中継核ではなく，情動の経路で示した扁桃体に隣接する「分界状床核」という場所である[13]．つまり，このとき「痛み」はそれなりに感じているらしいのである．しかし，痛みを経験した場所が「嫌い」ではなくなる．モルヒネは痛みに伴う不快情動を抑えられていると考えられる．

それでは，内因性のオピオイドペプチド，すなわちエンドルフィン類は「快楽」つまり「多幸感」を起こすのであろうか？　これは非常に実験しにくい．我々は内因性のエンドルフィン類が分泌されていることを観察できなかったのである．実験動物で，たとえばβ-エンドルフィンを観察するときによく使われる方法はアルコールを投与することであった．アルコールによってβ-エンドルフィンの遊離が増えるが，これが「多幸」かどうかはわからない．むしろ比較的大量のアルコールが生体にとって一種のストレスになっている可能性もある．ラットの尾を挟むような急性のストレスでもβ-エンドルフィンの分泌が増えることはわかっている．エンドルフィンはストレスに対抗するための物質と考えたほうが事実に合っている．

ランニングをする人にトレッドミルを走ってもらい，β-エンドルフィンの分

泌が実際に盛んになることが示されたのはようやく2008年のことであった[14]．これが「ランナーズ・ハイ」の正体であろう．すなわちそれはやはりストレスに対する反応なのである．長時間のランニングを行うと心拍も血圧も危険域にまで上昇する．このような「非常時」にエンドルフィンが分泌される．エンドルフィンによってμ受容体が刺激されると我々にはぼうっとしたよい気分が起こる．だが結局この多幸感すなわち快楽は，「苦痛を消すためのもの」ということができるのである．

1.3 恐怖の起源をさぐる

a. 脳の「警告系」

　報酬系の発見に心理学や神経科学が湧いていたころ，脳内には「罰系」もあるに違いないと考えられていた．自律神経系の交感神経系と副交感神経系の例でわかるように，神経系はアクセルとブレーキを巧みに使い分けるからである．しかし，「罰系」の発見は難航した．それらしいシステムは脳内に広く分散しており，報酬系のような特定の経路を見つけることはできなかった．

　「罰」を実験心理学的な言葉でいうと「嫌悪刺激」ということになる．それは広い意味で「恐怖」につながる刺激であろう．その基礎的な研究は，奇妙と思えるかもしれないが，イワン・パブロフ (Ivan Pavlov) の条件反射から始まった．筆者の知るところでは，それはこういういきさつである．

　アメリカの心理学者がパブロフの真似をして，唾液分泌による条件反射の実験を追試しようとしたが，手先が器用ではないので唾液を体外に導く手術ができなかった．そこでパブロフの弟子であるウラジミール・ベヒテレフ (Vladimir Bekhterev) が行った実験にヒントを得て，動物の脚に電気刺激を与えて屈曲反応をみようとしたが，これもうまくいかなかった．それは条件刺激に続いて無条件刺激（電気刺激）を与えていたため，条件性の屈曲反応が起こっても，電気刺激に対する無条件反応がそれを「覆い隠す」形になっていたからであった．そこで，条件反応（屈曲）が起こったときには無条件刺激の提示をやめたところ，この実験は非常にうまくいった．

　これが「条件回避反応」と呼ばれる実験の始まりである．この実験では，ブザーの音のような条件刺激が提示され始めてから所定の時間内に何かの行動を起こせば，無条件刺激はやってこない（回避反応）．その時間内に行動できなければ，

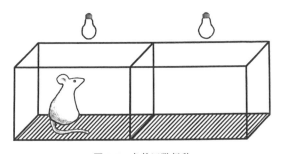

図 1.7 条件回避行動
天井の電灯が警告信号（条件刺激）である．電灯が点灯している数秒の間に隣室に移動すれば床からの電気刺激を回避できる．

無条件刺激が提示され，行動が起こった時点で両方の刺激が止まる（逃避反応）（図 1.7）．いったん形成された回避反応は非常に強固に維持される．すなわち，うまく回避できるようになった動物はほとんど電気刺激を受けないが，それにもかかわらず反応が続く．なぜこのように維持されるのかが 1930 年代の学習心理学の重要な研究テーマであった．そのときに考えられたのは，条件回避反応は 2 段階の学習からなり，第 1 段階では条件刺激によってパブロフ的に「早発性微小苦痛」なる反応が誘発されるようになる，第 2 段階ではこの「早発性微小苦痛」を低減させる行動が起こる，という説であった．ここでいう「早発性微小苦痛」が今日の「恐怖」に当たる．ややこしい言い方ではあるが，当時は動物の「心の内面」に言及するような術語は厳密に避けられていたのである．筆者も「早発性微小苦痛」をとらえたいと思ったことがあった．それは血圧か心拍の上昇であろうと考えたが，ラットの血圧や心拍測定が非常に難しいことに気づいて断念した．人間では簡単に測定できるようなバイタルサインでも動物での測定は難しいことがよくある．

　肉眼で簡単にとらえられる「早発性微小苦痛」の一つに，体が固まって動かなくなってしまう「すくみ行動（freezing）」がある（「凍結反応」ともいう．本章では「フリージング」とカタカナで表記する）．フリージングが起こると「隣室へ逃げる」というような行動は阻害される．ラットやマウスの系統によっては非常に強いフリージングを起こすものがある．これを系統的な実験にし，「恐怖条件づけ」と呼ばれる方法に作り上げたのが，ハワイ大学のロバート・ブランチャード（Robert Blanchard）であった（図 1.8）[15]．マウスの「中脳水道周辺灰白質」

1.3 恐怖の起源をさぐる

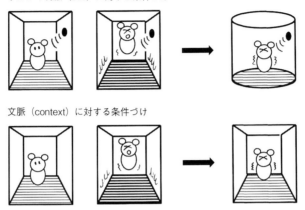

図 1.8　恐怖条件づけ
床から電気刺激を受けた体験を「思い出す」と体がすくんでしまうという性質を利用する．音のような特定の刺激に対する条件づけ（上段）と，状況全体（文脈という）に対する条件づけ（下段）とがある．特定の刺激に対する条件づけが成立したかどうかをテストするときには文脈を変える．

というところを電気で刺激するとマウスの体は見事に「すくむ」．その電気の強さを少し強くすると，マウスの体は飛んで「逃げる」．すなわち，「すくむ」か「逃げる」かの違いは，脳の特定の部位がどれだけ強く刺激されたかの違いである．こういうときには筆者ははっきり観察できる行動の起こる事態のほうが実験に向いていると思う．ただし，フリージングは敏感な反応であり，以前に電気刺激を受けた場所に動物を連れていくだけでも起こる．パブロフが使ったような明瞭な刺激に限らず，何とはなしのその場の「雰囲気（文脈：context という）」も一種の条件刺激になることがわかるのである．

　文脈や条件刺激でフリージングが誘発されるメカニズム，すなわち「恐怖条件づけ」の神経機構を最も精力的に研究したのが，ニューヨーク大学のジョゼフ・ルドゥー（Joseph LeDoux）であった．ルドゥーは神経解剖学，電気生理学，薬理学や分子生物学の力を駆使して「恐怖条件づけのメカニズム」を描き出した．それは「扁桃体」を中心とした脳の「警告システム」の姿であった．その姿は第5章で詳述される．ルドゥーは 1996 年に"The Emotional Brain"という一般向けの書物を書いた[16]．そしてこれが，この章の冒頭で述べたような「情動の復権」

を告げた重要な書になったのであった.

「恐怖反応」を起こす基礎的な神経回路,すなわち脳の警告システムはマウスから人間までほとんど共通である.実際,ヒトの恐怖とは,まずもって身体反応である.たとえば「パニック発作」と呼ばれるものは,動悸や発汗,息苦しさといった反応からなり,これは静脈内に乳酸を注入するという,情動とは何の関係もない操作で容易に惹起させることができる.臨床的に問題になるような恐怖は,このパニック発作がいつどんなときに起こるかわからないという「予期不安」からくるものである.

予期不安を基礎研究の立場から考えると,それは警告システムを駆動させる出来事が多様かつ柔軟性に富んでいるという意味である.警告システムは,危険かもしれない状況で素早い対処行動(フリージングも含めて)を起こす役に立ってこそ意味がある.山道で出会った細長いものが縄なのか,ヘビなのかといった細かい分析は後回しにして,ここはとりあえず「逃げる」ことのほうが大事である.しかもその長い縄のようなものの全容が見える必要はない.「ガサッ」という音とともにウロコ風のものの一部だけが見えても警告が発せられるほうが適応的である.すなわち,感覚刺激の一部の特徴だけでも行動が起こる.また,記憶も恐怖を起こす.やっかいなことに,ヒトはこの記憶が何によって呼び起こされたのかを自覚していないことが多い.芥川龍之介が遺作『歯車』で描いてみせたように,鋭敏な感受性を持った人にはいろいろな出来事が「警告システム」発動のきっかけになる.

> 僕はこのホテルの外へ出ると,青ぞらの映つた雪解けの道をせつせと姉の家へ歩いて行つた.道に沿うた公園の樹木は皆枝や葉を黒ずませてゐた.のみならずどれも一本ごとに丁度僕等人間のやうに前や後ろを具へてゐた.それも亦僕には不快よりも恐怖に近いものを運んで来た.
>
> (『歯車 ほか二編』岩波文庫)

もっとも,『歯車』の場合は「レエン・コオト」が強力な条件刺激であることが示唆されるのだが,過敏すぎる「警告」は精神医学・薬理学的な治療の対象になる.次項ではそれを手がかりに「恐怖」の化学について述べよう.

b. ノルアドレナリン・ストーリー

　恐怖をつかさどる化学物質が脳内に存在するだろうか？　このことを考えるために，恐怖を鎮める薬について述べよう．精神医学的には「恐怖」と「不安」の区別は重要であり，両者をつかさどる神経系も若干異なるといわれているが，薬理学的には両者に厳密な区別はない．不安を鎮める薬の開発は薬理学の重要な課題だった．

　歴史的にみると，不安を鎮めるために古くから用いられてきた化学物質はアルコールであった．飲酒は不安を鎮める．しかし，飲み過ぎは依存を招く．20世紀の初頭に開発された「バルビツール酸類」と呼ばれる薬物は，本来は麻酔薬であるが，少量ならば不安を鎮めることができた．しかし，脳に対する抑制が強いため，不安を鎮める－眠る－呼吸が抑制され－死に至る危険がある，という流れを止めることができなかった．この流れを呼吸抑制の前で止めることが，薬を開発する人々の悲願だったのである．

　そのブレイクスルーとなったのは「ベンゾジアゼピン」と呼ばれる化学構造を持つ薬剤だった．これは1960年代に抗不安薬として開発され，睡眠導入にもすぐれた作用を示した．しかし，麻酔薬ではなく，呼吸の抑制は起こさない．この薬で死に至ることはない．ここでようやく，「死に至る流れ」を止めることができた．ベンゾジアゼピン系の薬物には抗不安作用，痙攣を抑制する作用，筋肉を弛緩させる作用がある．興味深いことに，ベンゾジアゼピンには拮抗薬がある．拮抗薬は抗不安薬と同じベンゾジアゼピン骨格を持ちながら，抗不安作用を示さず，抗不安薬の効果を打ち消すのである．

　拮抗薬があるということは，受容体が存在するということである．その分布は1970年代には明らかにされ，大脳皮質から辺縁系に至る広い領域に分布していることがわかった．脳内に受容体があるとすると，それに結合する内因性の物質があるはずである．我々の脳が「不安を鎮める」物質を持っているとなると，その不足や機能不全が不安や恐怖を引き起こすのであろう．不安や恐怖が脳内物質で左右されているのならば，情動の研究には非常に重要なことである．

　そこでそのような内因性の物質探しが続いたが，結局のところ，それははっきりとはわからなった．しかし，ベンゾジアセピンの結合部位を持っているのが"GABA"という神経伝達物質の受容体，わけても $GABA_A$ 受容体であることはわかった．$GABA_A$ 受容体は図1.9のように3種類のタンパク質が5個集まり，「五

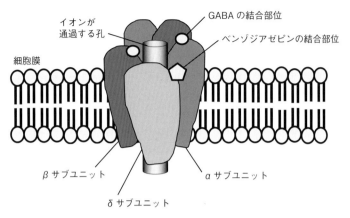

図 1.9 GABAA 受容体の構造
3種類のタンパク質（α, β, γ）が5個（α と β は2個ずつ）組み合わさって神経細胞の膜に埋まっている．中央に塩素イオンが通る孔があり，この受容体に GABA やベンゾジアゼピン系の薬物などが結合すると孔が開いて塩素イオンが細胞の中に入る．

量体」と呼ばれる構造を作っている受容体である．この受容体の中にはベンゾジアゼピンの結合部位，バルビツール酸の結合部位，アルコールの結合部位，痙攣を誘発するピクロトキシンの結合部位などがある．この受容体にベンゾジアゼピン系の薬物やアルコールが結合して受容体が活性化されると，五量体の中央にあるイオンホールが開き，塩素イオン（Cl^-）が細胞内に流入する．塩素イオンは細胞内の電位を過分極側，すなわちマイナス側に引っ張るので，神経細胞は活動電位を起こしにくくなる．結局のところ，この作用がベンゾジアゼピン系の薬物による抗不安効果の基礎であろうと考えられた．

こうした研究の過程で，この受容体に結合するが，本来の結合物質（リガンドという）である GABA とは逆方向の作用をする化学物質が見つかった．このような物質を「逆（インバース）アゴニスト」と呼ぶ．その代表が β-カルボリンというものである．残念ながらこれは内因性の物質ではなかったが，動物に投与すると「恐怖」のような症状を起こす．すなわち，サルに投与したときには顔面蒼白，心拍上昇などの徴候がみられるのである．また，ラットに投与した場合は「葛藤テスト」と呼ばれる不安の試験で不安を増強する．

GABA 受容体のインバースアゴニストは GABA による抑制系の神経伝達を弱めるが，それによって不安の増強や恐怖反応が起こるときには「ノルアドレナリ

ン」という神経伝達物質が関与しているらしい．ノルアドレナリンを含有する神経経路は脳幹部から大脳皮質にかけて脳内に広く分布している．その起始核を「青斑核」というが，ここには $GABA_A$ 受容体がある．ノルアドレナリンはドーパミンと同じく「カテコラミン」と呼ばれる化学物質で，実際のところ，ドーパミンから合成される．脳内では覚醒や注意などの機能にかかわっており，ごく大まかにいうと脳を目覚めさせる方向に働く物質である．ノルアドレナリンそのものが「恐怖を起こす物質である」というのは言い過ぎであろう．しかし，ノルアドレナリンは恐怖反応の表出をコントロールする物質である．また，扁桃体に作用して恐怖を引き起こす情報の処理を促進している．さらに，記憶の固定を促進し，恐怖体験を頭に刻み込む役割も果たしているらしい．

c. ストレスホルモン・ストーリー

恐怖は一過性の情動反応では終わらない．恐怖の体験は強固な記憶となって我々の脳裏に刻み込まれる．この記憶があるから，我々は前もって危険を察知し，危険を回避することができる．

恐怖の記憶に重要な役割を果たしているのが「ストレスホルモン」と呼ばれるホルモンである．ストレスホルモンは図 1.10 に示すように 3 段階の過程を経て放出される．

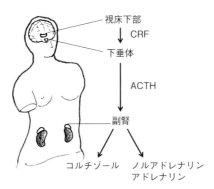

図 1.10　「ストレスホルモン」が分泌される仕組み
視床下部から CRF が分泌される．CRF は下垂体に届き，下垂体から ACTH が分泌されて副腎に届き，副腎皮質からはコルチゾール（動物ではコルチコステロン），副腎髄質からはノルアドレナリンとアドレナリンが分泌される．

第1段階では，危険を察知したときに扁桃体などの「警告系」が活動し，その活動が視床下部に伝えられ，視床下部から「コルチコトロピン放出因子（CRF）」が分泌される．CRFは脳下垂体前葉に届く．そこから「副腎皮質刺激ホルモン（ACTH）」が分泌される．これが第2段階の反応である．ACTHは全身をめぐる血流に乗って副腎皮質に届き，副腎皮質から「糖質コルチコイド」と呼ばれるステロイドホルモンを放出させる．これが第3段階の反応である．糖質コルチコイドは人間以外の動物ではコルチコステロンが主なものであり，ヒトではコルチゾールが主なものである．以上の3段階の経路を，視床下部（hypothalamus），下垂体（pituitary gland），副腎（adrenal gland）の頭文字をとって「HPA軸」という．HPA軸の本来の役割は，体内で循環している糖質コルチコイドの分泌量をほぼ一定に保つことである．しかし，生体がストレスに暴露されると過剰に活動する．

これらのホルモンは，ある種の環境で誘発される恐怖や，その状況に対する記憶の形成にかかわっている．

CRFは，脳下垂体に作用してACTHの分泌を促すばかりでなく，不快や恐怖の情動にも深い関係がある．CRFの受容体は扁桃体，前頭葉，橋（脳幹部），小脳など，脳の広い範囲に分布している．動物の脳内にCRFを注入すると不安の徴候を示し，また，CRFそのものが不快な刺激となる[17]．CRFは特定の刺激に対する恐怖反応というよりは，状況全般に対する恐怖誘発に関与しているらし

図1.11　恐怖による驚愕反応の増強
実験的に確かめるには驚愕反応の実験装置とは別の場所で条件刺激と床からの電気刺激を経験させ，大きな音に対する驚愕反応を測定しているときに，この条件刺激を提示する．

い[18]．このことを調べるには「恐怖による驚愕反応の増強」という実験を使う．この実験は図 1.11 に示すように，恐怖の体験を思い出すような刺激を提示すると，大きな音に対する「驚き」の反応が大きくなるという現象を利用したものである．CRF のこのような作用は扁桃体に隣接して警告系の一部をなす「分界状床核」という部位が作用点であるらしい．

　ACTH もまた恐怖反応に関係がある．外傷後ストレス症候群（PTSD）の患者に不快なエアーパフと図形の組み合わせを学習してもらい，大きな音に対する驚愕反応を調べた実験によると，ACTH のレベルが高い人は驚愕反応が亢進していた（これは恐怖の徴候でもある）．しかもエアーパフと連合してない「安全な図形」に対しても驚愕反応が亢進していた．すなわち ACTH のレベルが高すぎると全般的に恐怖状況への反応性が高まり，危険と安全の区別がつかなくなり，何でも危険なほうに評価する傾向が生じるのである．

　糖質コルチコイドは強力な抗炎症作用を持つ一方で，糖やタンパク質，脂質の代謝にもかかわっている．ラットにコルチコステロンの生合成を阻害する「メチラポン」という薬物を投与すると，条件刺激と電気刺激（無条件刺激）がオーバーラップしている「延滞条件づけ」という方法では，条件刺激に対する「恐怖」の学習に影響は出ないが，条件刺激の提示が終わってから無条件刺激が提示される「痕跡条件づけ」という方法では（図 1.12），「恐怖」の学習が阻害される．このことはコルチコステロンが「恐怖記憶」の形成を促すことを示している[19]．

　ただし，糖質コルチコイドと恐怖記憶の関係は単純ではない．糖質コルチコ

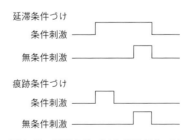

図 1.12　延滞条件づけと痕跡条件づけ
延滞条件づけでは無条件刺激に先行して条件刺激が提示され始め，しばらくすると条件刺激に重なる形で無条件刺激が提示される．痕跡条件づけでは，条件刺激の提示が終わり，終わってからしばらくすると無条件刺激が提示される．

イドが「恐怖物質である」とはいえないのである．恐怖が誘発されるような状況で糖質コルチコイドの分泌が促進されることは確かだが，それは何のためだろうか？　生理的な（自然な）状況では，恐怖を誘発する状況にうまく対処するため，言い換えれば過剰な恐怖反応を抑制するためでもある．実際，恐怖症の患者にコルチゾンの錠剤を飲んでもらうと，恐怖の程度が弱まったという報告がある[20]．むしろ「恐怖緩和物質」である．そうすると糖質コルチコイドの役目は，過剰な恐怖反応を抑えつつ，後々に備えて恐怖記憶を形成するということなのかもしれない．

1.4　快楽と恐怖から人間を考える

a. 情動は何にチューニングされているか？

　ここまで，「快楽」と「恐怖」，広い意味にとれば「快」と「不快」について，化学物質を中心にメカニズムを考えてきた．もとより，多数の化学物質がまさに交響楽的なハーモニーを奏でている脳内の神経機構の全容を描くことは不可能であり，「目立つ」ものを取り上げたにすぎない．「なぜ自分の話が載ってないのか」という，無視された化学物質の怨嗟の声が聞こえてきそうである．またそのストーリーも多分に単純化したものであり，「自分はこんなことはやっていない」という化学物質の声も聞こえてきそうである．しかしながら，最も基本的な情動の発生機構について，哺乳類すべてを通じて，また，コラムに描いたように，原形を尋ねれば脊椎動物すべてについて保存されている脳内の化学物質が果たしている役割については，その一端を描くことができたのではないかと思う．

　しかし，あらためて考えてみると，何がきっかけになってこのような化学装置が駆動されるのか，言い換えれば，我々は何に快楽や恐怖を感じるのかを検討するという課題は残っている．そしてこの課題こそ，情動について考察するときに最も重要な課題なのである．なぜならば，冒頭に述べたように，快楽は生存価の高い報酬を手に入れるため，恐怖は生存を脅かす危険を回避するために必要な基本情動と考えられるからである．ある種の動物が何に快楽を感じ，何に恐怖を感じるか，すなわち接近と回避がどのような状況にチューニングされているかは，その種がどのような生息環境に適応してきたかを示す手がかりになる．我々は高い崖っぷちに立ったら恐怖を感じる．しかし，コンドルはそのような状況で恐怖は感じないであろう．

1.4 快楽と恐怖から人間を考える

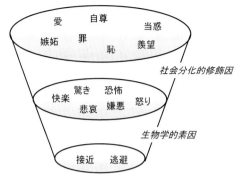

図 1.13 情動の構造（Evans, 2001）[3]
生物学的に規定されている基本情動の上に，社会文化の影響を受けて経験によって形成された複雑で微妙な情動が築かれていると考える．

人間が「快楽を感じるもの」と「恐怖を感じるもの」のリストを作ることができたら，進化の過程で人類にどのような淘汰圧がかかっていたかを知ることができるはずである．しかしながらこの課題は本章には大きすぎる．ただ，その構造について考えると，「快楽を感じるもの」と「恐怖を感じるもの」の基本は，もともと人間が生物として持っている基本的な特性によって決まっていて，その上に，社会文化的な要因による修飾が加わっていると考えられる（図1.13）．

動物実験でも我々はこのような構造を利用している．すなわち，恐怖条件づけを例にとると，生得的な恐怖を起こす刺激として電撃を使う．電撃による痛覚と，痛覚に基づく恐怖情動が生物としての基本である．その上に，電撃と音や光を連合させて条件刺激を作る．条件刺激は「社会文化的」というわけではないが，もともと恐怖を誘発するものではないから，生得的な基本の上に経験によって積み重なった成分である．

この構造は脳科学の知見を踏まえてしっかり考える必要がある．恐怖条件づけを例にとると，そのメカニズムの話は扁桃体だけでは完結しない．海馬，海馬と連絡のある嗅周皮質，島皮質，小脳などがシステムとして恐怖条件づけに関与している．このシステムの中のどの部分が生得的な基本情動にかかわり，どの部分が経験による変容にかかわっているかを切り分けることが重要な課題である．

快楽（快情動）の場合も基本的には似たような研究課題がある．快の特異的な表出行動を特定するのが難しいせいもあって，このような研究はなかなか進まな

かったが，ベリッジの味覚反応に加えて，近年では齧歯類の超音波による「鳴き声」も周波数によっては快のマーカーとして使えるという話があり[21]，今後の進展が期待される．

話をチューニングに戻すと，情動の生理心理学に関する浩瀚な著書を表したデニス・デカタンザロ（Denys Decatanzaro）は，人間が恐怖を感じる刺激は，もともと数百万年前に人類の祖先が生息していた環境にチューニングされたもので，いまでもそのままだという[22]．したがって我々は暗闇，雷鳴，地震，高所などに恐怖を感じる．しかしデカタンザロは，これは現在の社会生活にはそぐわないものになっているという．いまや我々は銃弾，自動車，ドラッグといったものに恐怖反応をチューニングすべきだというのである．それが果たして生物学的に可能なことなのか，社会文化的な学習に委ねるべきことなのか，筆者には判断できないが，こうなると情動の研究は文明論にまで踏み込む．

b. 情動と人間理解

本章では詳しく触れる余裕がなかったが，情動の表出は他者にとっての信号である（情報付与機能）．すなわち，恐怖の表情や快楽の表情は他者に知覚され，他者にも類似の情動を誘発したり（感情誘発機能），他者の特定の行動を誘発したりする（行為喚起機能）．この機能は社会生活を営むうえで必須のものであり，情動は社会的な性質を持っているといえる．ラルフ・エードルフス（Ralph Adolphs）は，扁桃体に損傷のある患者は，他者の「恐怖」の表情が認知できなくなることを示した[23]．興味深いことに，「それは誰の顔か？」はわかるのである．あらためて考えてみると，誰もみていないところで恐怖の表情を作っても意味はなかろうし，乳児の笑顔は周囲の人間がそれを「好ましい」と受け止めるからこそ，単なる味覚反応を越えて，対人関係を築く礎になるのであろう．

これまでの神経研究では，個体の中で情動がどのように発生するかに焦点が置かれてきた．しかし，今後の情動研究のキーワードがコミュニケーションであることは間違いない．これは他者との同調や共感がいかにして生じるかという課題にもつながっている．そしてその課題は，コミュニケーションの機能に不全がある自閉症スペクトラムが精神医学の大きなテーマになり，情報通信技術の進歩の陰で「ネット依存症」などという臨床問題が生まれてきた今日こそ，重要になっているのである．

探索期　　　　　　　　テスト期

図 1.14 社会的認知の実験場面
歩いているラットが被験体である．探索期には他の個体と自由に接触させる．一定の時間を置いてテストを始める．そのときには新しい個体が1匹加わっている．探索期の記憶が保持されていると，通常は新奇な個体のほうに興味を示す．

　この課題は「化学物質から情動を考える」という立場にも大きな影響を与えている．最近注目されてきたのは，下垂体後葉から分泌される「バソプレッシン」と「オキシトシン」というホルモンである．バソプレッシンはホルモンとしては利尿を妨げ，血管を収縮させて血圧を上昇させる．オキシトシンはバソプレッシンとよく似た構造をしているが，子宮を収縮させて分娩を促し，乳腺の筋肉を収縮させて乳汁分泌を促す．だが，これらのホルモンは，内分泌作用以外にも脳に対する直接作用を持っている．

　たとえば，ラットはおそらく嗅覚を介して他の個体を嗅ぎ分け，識別しているのであろうが，それには嗅球の中のバソプレッシンが決定的な役割を果たしている（図 1.14)[24]．他の個体を嗅ぎ分ける能力は，自分の兄弟（リッターメイト）とそうでないものとを区別するために必要な能力であるから，結局このバソプレッシンは社会的な絆を作るために役立っているのである．

　一方，オキシトシンは泌乳の促進などの機能を介して，母子の絆を作るのに役立つと考えられていたが，近年では母子に限らず，いろいろな種の哺乳類で社会的な親和性を高める機能があると考えられるようになってきた．オキシトシンを与えられたアカゲザル（顔にマスクをかけて点鼻薬として吸入させる）は，他の個体に対する警戒反応を緩めるという[25]．

　ここで新たに起こってくる問題は，他者との絆が築かれるとどうなるのかということである．それは楽しいのだろうか？　心地よいのだろうか？　また，他者と共有するのは恐怖なのだろうか？　快楽なのだろうか？　その答えを出すのは簡単ではない．しかし，現在，オキシトシンと報酬系の関係に着目する研究が増

えている．オキシトシンの受容体は主に視床下部と扁桃体にあるが，側坐核にもある．社会的な絆が形成されているとき，他者の存在は報酬になる．これには側坐核のオキシトシンが関係しているようである．もちろん，ときに他者の存在は脅威にも恐怖にもなるだろう．しかし，コミュニケーションが促進されるということは，基本的には「快」なのであろうと筆者は考えている．

　いまや，情動を理性の下位に置く，ということは行われない．しかし，ときに「我々は不合理な行動をする」という言い方で，情動にとらわれた行動がいかに理知的な功利計算から逸脱したものであるかが話題になることはある．それを「認知のバイアス」などといったりするが，そのバイアスにこそ人間の人間らしい（動物らしい）特徴があらわれているのだろう．快楽や恐怖の起源を考えることは，人間の来た道とこれから行く道を照らす営みにほかならない．

［廣中直行］

コラム1　ゼブラフィッシュに情動の起源をさぐる

　ゼブラフィッシュは体長約5 cmの小さな淡水魚である．成体の体表に紺色の縞があるのでこの名前がある．胚が透明であり，観察や操作が簡単なので，分子生物学で好まれる実験動物である．近年，ゼブラフィッシュを用いた中枢神経系や行動の研究が増えている．

　本章で「快楽」と「恐怖」の起源として紹介した神経系は，ゼブラフィッシュにもその萌芽が認められる．すなわちドーパミンを含む神経は，チロシンからドーパミンを合成するチロシン水酸化酵素の局在を調べた研究によれば，中脳に相当する部位から脳の前方にかけて，図のように局在している（図）[26]．

　これを「報酬系」と呼んでよいものかどうかは，現在のところ，まだわからない．しかし，解剖学的な局在は哺乳類の「報酬系」とおおむね対応する．行動研究では，ゼブラフィッシュもアルコールに対する選好を示す．明らかに，報酬をコードする神経系はゼブラフィッシュの脳にも存在している．

　一方，「恐怖」との関連を論じた脳内の「警告系」，しかもその中心である扁桃体に相当する部位もゼブラフィッシュにある．この部位は生得的な回避行動に関連しているという[27]．

　「快楽」と「恐怖」，すなわち，報酬への接近と危険からの逃避は，本文で記したとおり，どの動物にとっても生存に必須の機能である．ゼブラフィッシュにこのような機能を果たす神経系があるのも当然であろう．報酬系と警告系は進化の過程に

おいて長く保存されてきた二大システムである．今後はゼブラフィッシュの特徴を生かした発生学的な研究が進み，このシステムが神経細胞の増殖と分化の過程でどのように形成されてくるのかが明らかにされることであろう．

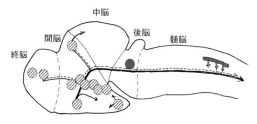

図　生後3日目のゼブラフィッシュの脳のドーパミン神経核とノルアドレナリン神経核（Kastenhuber et al, 2010）[26]

コラム2　潜在脳

　我々は快楽や恐怖の発生を意図的にコントロールすることはできない．それらは脳の深い場所から生じ，しかもある種の感覚体験に応じてほとんど自動的に生じる．たとえば，我々が好き嫌いの判断をするときには，後に「好き」と判定する対象のほうを徐々に長く見るようになる．一方，視線を人為的に操作すると，「好き」と判断する度合いを大きくすることもできる[28]．従来は，感覚刺激が情動を引き起こすまでには，その途中で認知的な過程による評価が行われると考えられていたが，そうではないらしい．実はその順番は逆で，感覚刺激はそれだけである種の情動を引き起こし，我々は認知的にそれを「後追い」し，快か不快かと解釈している可能性がある．また，感覚体験だけが問題なのではなく，視線を動かすという操作の効果からもわかるように，運動というか，身体感覚も情動の発生に重要な役割を果たしている．

　このような構想に基づいて，科学技術振興機構では2004年度から，カリフォルニア工科大学の下條信輔をリーダーとするプロジェクトを立ち上げ，我々の意識にのぼらない神経活動が情動や意志決定に果たしている役割について研究した．このプロジェクトは，単にいろいろな研究をしたというよりも，意識的な認知や理性を重視した人間観に変革を迫ろうという壮大な試みであった．筆者もこのプロジェクトに加わり，麻薬がラットの海馬の神経活動を変えるという証拠をいくつか見つけた．

　我々が理性的な判断だと信じているものが実はそうでなく，リアリティをもった現実だと信じている世界が実は幻想に満ちていることが，このプロジェクトで明ら

かになった.しかしそれは「人間は愚かである」ということを証明したかったわけではない.意識にのぼらない神経活動を直視することによって,身体感覚や情動を包含した新しい理性,新しい社会のありかたを展望しようとしたのである.その営みはプロジェクトの終わったいまでも続いている.

2 情動認知の進化

2.1 定義と概要

　情動とは何か．オートレイ（Oatley）とジョンソン＝レアード（Johnson-Leiard）[1]によれば，情動とは，合理的な判断には時間がかかりすぎるが，反射や固定的行動パターンで処理できるほど単純でない事態に対する，大ざっぱではあるがおおむねうまくいく適応システムである．情動がそのような適応システムであるなら，情動認知とは，他者の表出する情動を検出して自己の行動を調整することにより，適応的な応答をとることであると定義できよう．この定義のもと，情動認知とは，他者により表出された情動の知覚的分析とそれが表出された状況の判断から行動変容に至る，一連の過程であるととらえることができる．本章ではこの情動認知の進化を扱う．

　ダーウィン（Darwin）は情動の進化について以下の二つの仮説を立てた[2]．①生得的で学習を必要としない内的な情動状態と顔の表情表出との間には特異的な結びつきがある．②こうした対応関係は，他の個体の情動状態を理解する際にも同じように適用される．残念ながら，現代においてもこれらの仮説に神経生物学的な実体を与えるほどの知見はないが，行動レベルの研究でわかってきたこともある．ここではダーウィンのこれらの仮説をよりどころにしながら検討し，情動認知の進化について考える．

　動物の情動は通常，表情や姿勢，音声などの身体運動として他者に検出される．情動認知の第1段階として，ヒトおよび動物がどのような情動表出を行うかを概観・整理する必要がある．表出された情動は，表出者とコミュニケーションをとる相手によって検出される．第2段階として，表出された情動に対してどのような知覚情報処理が行われるかを検討する．検出され分析された情動表出に対し，動物は何らかの行動変容を示す．この行動変容には，検出された情動表出に対し

何らかの判断を下すことが含まれる．第3段階として，他者の情動を検出判断することによって生ずる動物の行動変容を扱う．行動変容には，情動を表出している他個体と同じ方向に自らの状態を準備する場合と，そうではない，たとえば覚醒水準のみを上げる場合とがある．前者は情動伝染や共感と呼ばれる行動でもある．以上三つの段階において，種を越えた共通性があるかどうか，ヒトと動物を結ぶ進化的な連続性があるかどうかを検討していく．

最後に，ヒトと動物の情動認知の比較から，情動認知の進化について考えられる仮説を提出する．ここでは，情動認知を可能にする特別なシステムが存在するという仮説（ミラーニューロン仮説）と，ヒトの情動認知全般について扱った仮説，動物の情動表出について扱った仮説とを比較する．なお，本章では単に動物といった場合，ヒト以外の動物であることを示す．

2.2 情動の表出

ダーウィン[2]はすでに19世紀に，ヒトがある特定の状況において特定の表情表出をすること，そしてそれがどのような文化圏であれ一定に観察されることを発見していた．また，ヒト以外の動物が示す表情の多くはヒトに了解可能であることを指摘している．また，モートン（Morton）[3]は哺乳類や鳥類の発声の多くにおいて，特定の音響構造が特定の情動状態に対応していることを指摘している．これらのことから，ヒトが表出する情動の多くの部分は動物との進化的連続性を持つことが推測される．ダーウィンはヒトの表情は動物時代からの遺産であり適応的な意義はないと考えていた．しかし近年の研究ではむしろ，ヒトの情動表出はさまざまな淘汰を受けてより綿密に進化してきたと考えるべき証拠が多い[4,5]．

a. 顔表情による情動表出

動物の情動表出は大部分視聴覚次元において成される．すなわち顔表情・発声である．これらについて順に検討してみよう．ヒトの顔表情についてはデュシャンヌ（Duchenne）により19世紀中頃行われた古典的研究がある[6]．彼は被験者の顔に電極を当て，どのような表情が表出されるかを徹底的に検討した．よく知られているのは，大頬骨筋への電気刺激で笑顔が誘発できたことである．しかしこの笑顔は自然な笑顔とは異なり，眼輪筋が収縮していなかった．デュシャンヌのこの発見に基づき，大頬骨筋と眼輪筋がともに収縮している自然な笑顔をデュ

シャンヌ型微笑，大頰骨筋のみが収縮する意図的な微笑を非デュシャンヌ型微笑という．ヒトは二つの型の微笑を見分ける能力が非常に高いが，非デュシャンヌ型微笑は意図的な微笑として理解されながらも，社会的信号として十分機能している．デュシャンヌとほぼ同じころ，ダーウィンはビーグル号の航海により世界中にできた多様な文化圏の友人に手紙を書き，特定の情動状態でヒトはどのような表情をするのかを調査した[2]．これにより，ヒトはどの文化圏であろうと共通した状況において共通した表情を表出することがわかった（図 2.1）．

20 世紀に入り，表情研究をさらに精緻化したのがエクマン（Ekman）である．エクマンらは，顔面の動きを符号化する方法を考案し，これを顔面動作符号化システム（FACS）と呼んだ．彼らは顔面・頭部・眼球の動きを 60 の動作単位に分類し，これらの組合せから表情を定義しようとした[7]．こうした研究から，ヒトの表情は喜び・悲しみ・怒り・嫌悪・恐怖・驚きの六つの基本情動に大別できることが確認された．また，実際の情動表出にはこれらの情動が複雑に入り交じった表情が観察されることもわかった．

デュシャンヌの研究からわかるように，眼輪筋を含む表情筋の一部は意図的に制御することができず，情動状態を正しく反映する．表情には操作不能・隠蔽不能な部分があり，そのことで表情は正直な信号となる[4]．

A

B

図 2.1 表情研究のはじまり
A：イヌとヒトの怒りの表情．種を超えた類似がうかがえる (Darwin, 1872)[2]．
B：大頰骨筋を刺激するデュシャンヌ．真の微笑ではない微笑が誘発されている (Duchenne, 1990)[6]．

ヒトは霊長類の中でも際だって表情筋の動作範囲が広いが，霊長類は全般に他の動物に比べて表情筋が発達している．顔面の筋肉は口と目の開閉と咀嚼運動および首の運動を起源としており，霊長類以外の脊椎動物ではこれらの筋肉にのみ限定されているが，霊長類では，特に口の周辺の筋肉の分化がみられる[5]．

　そもそも霊長類を除く哺乳類の多くが夜行性であることが，霊長類の表情筋の進化に関係していると考えられる．ヒツジは昼行性で高い社会性を持つ．ヒツジには恐怖の表情があるといわれる．同様に，ウシでも白目の割合がストレスの指標となり他個体に伝達されるという．食肉目（ネコ目）の動物には恐れと怒りの表出がよくみられる[5]．ラットやマウスに実験的に痛みを与えた研究によると，刺激の強度に応じた表情の変化が観察される[8,9]．

　哺乳類以外の動物では，情動の表出は主に姿勢で行われ，顔面表情には大きな変化はないとされるが[5]，鳥類においては口をあけてかみつこうとする表出が攻撃性の指標となる．実は人間においても，表情以上に姿勢が情動認知の重要な手がかりになる場合もある[10]．

b. 発声による情動表出

　ヒトは怒ると低い声を，甘えると高い声を出す．モートンは鳥類と哺乳類において威嚇する際には低く帯域の広い音，恐怖を感じると甲高く震えた音，親和性が高い場合には倍音が多い音が使われることに気づいた．モートンはこれを整理して，動機構造規則と呼んだ[3]．ここでいう動機とは，モートン自身が情動状態と言い直している．ほぼ情動と同義であると思われる．モートンの図では，横軸に敵意が，縦軸に宥和が打たれており，敵意が強くなると音程が低く帯域が広くなり，宥和が強くなると音程が高く帯域が狭くなることが概念図として示してある（図2.2）．敵意が強くかつ宥和が強くなると，一部高い音程でかつ帯域の広い音になる．このことで，音程に震えが生じる．これはヒトでいうと緊張した状況であり，確かにヒトは緊張すると震えた声を出すことが多い．なぜこのように，情動状態と音響構造に対応関係が生ずるのかについては，モートンは深くは指摘していない．

　陸生の脊椎動物は，呼吸の副産物として発声を進化させてきた．呼吸と発声の制御は自律神経系によって行われる．発声は中脳水道灰白質にある運動プログラムが，大脳辺縁系からの情動的な入力を受けて変調する．発声と呼吸はどちらも

延髄の後擬核を経て制御されるので,情動状態は呼吸に反映し声の構造が変化することが考えられる.また,ほとんどの脊椎動物において声の高い個体ほど体が小さく,声の低い個体ほど体は大きい.威嚇する際に声を低くするのは体の大きさを誇張する効果が,宥和する際に声を高くするのは体が小さいことを示して攻撃を避ける効果があるのかもしれない.

このような経緯により情動が発声に反映されるとすれば,発声もまた正直な信号である.なぜなら,威嚇の発声は小さな個体には出しにくく,宥和の発声は大きな個体には出しにくい.信号の性質がある程度身体の大きさによって限定されてしまう.また,緊張や恐怖は隠蔽することなく伝達されてしまう[4].

発声パターンが種を越えて情動状態を伝えていることが,樹上性サルの近縁種を比較した実験で示された[11].体の大きさ,ニッチ,社会構成の異なる3種の樹上性サルの集団をそれぞれ2分割することで不安操作とし,集団を分割しない場合との発声パターンと比較した.結果,どの種においても不安操作を受けることで発声の基本周波数が上昇し,発声頻度が増加することがわかった.この結果は,動機構造規則の予想と一致する.

しかしこの動機構造規則は,超音波発声する動物には適用できないようである.これは超音波発声が必ずしも声帯振動にはよらないからである.ラットは50 kHzと22 kHzの超音波を出す.これまでの知見から,50 kHzは快,22 kHzは不快に対応した情動状態を示すとされている[12].超音波発声の生物機構につい

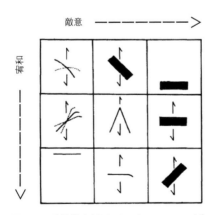

図 2.2 動機構造規則の図(Frank, 1988)[4]
モートンによる動機構造規則を模式的なソナグラムで示す.敵意が高まると音は低く広い帯域になり,宥和が強まると高く狭帯域になる.

ては不明な点も多く，必ずしも可聴音域での知見が当てはまるものではないのであろう．

2.3 情動の知覚

これまでみてきたように，動物の情動は主に顔表情と姿勢や発声として表出される．これらはどのように知覚されるのであろうか．ヒトと動物で，情動刺激の知覚には差異がみられるのであろうか．そもそも，情動の知覚とは，それが志向する行動と切り離して議論することができるのだろうか．情動刺激に対する適応的行動から，知覚の成分のみ切り出してくることができるのだろうか．できたとしても，それにどのような意味があるのだろうか．このような根本的な問題は残るが，まずは議論できるところから進めていこう．

ヒトにおいては，心理学的な測定方法によって，表情知覚のカテゴリー説と次元説とが提案されている．カテゴリー説とは，表情知覚も表情表出と同じ六つの基本情動によって処理されるという説である．次元説とは，表情の知覚はカテゴリーによるのではなく，快度軸と覚醒度軸で張る2次元上の点として処理されるという説である[13]．しかしながら，2次元上の点が凝集する部位としてカテゴリーを考えることも可能である．これらは対立する説であるというより，同じ現象の二つの見方であるというべきであろう（図2.3）．

動物においては，心理学的な測定方法を適用するのは難しいが，近年ではいくつかの試みもみられる．これらを紹介し，ヒトと動物の情動知覚を統一的に扱え

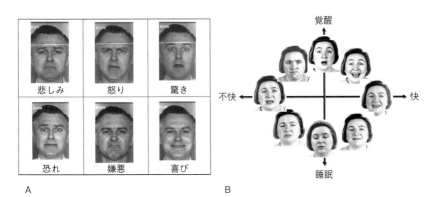

図 2.3 表情知覚のカテゴリー説（A）と次元説（B）（Fujimura et al, 2012）[13]
Aにみられる六つの表情は，Bにみられる2次元平面に布置することも可能である．

a. ヒトの情動知覚

エクマンらが確立した基本 6 情動（喜び，悲しみ，怒り，嫌悪，恐れ，驚き）は，ヒトにどう知覚されるのか．筆者たちは喜びの表情と恐れの表情を活動単位ごとに平均しながら，喜びと恐れの中間表情を作成した．同じ技法で，さまざまな配合比率の表情を作り，喜びから恐れまで連続的に変化する刺激を準備した．これらの刺激を被験者にランダムに提示し，快度軸と覚醒度軸で張る 2 次元に点で示してもらった．同様に，嫌悪から怒りへと連続的に変化する刺激を作成し被験者に判断してもらった．得られたプロットは，それぞれの軸上を連続的に広がるものではなく，どちらの軸上でもカテゴリーをなした．すなわち，たとえ連続刺激を提示しても，表情の知覚はカテゴリー化されるのである．

しかしこの研究では被験者に明示的に刺激を判断させていた結果，言語のカテゴリーに沿うような刺激の処理をしてしまった可能性がある．そこで，同一次元上の刺激で 2 ステップ離れたものを選んで被験者に異同を判断させる課題も行った（図 2.4）．この場合，同一カテゴリーとされる刺激内の二つより，異なるカテゴリーをまたがる二つのほうが弁別が容易であった．すなわち，この課題でも，被験者は刺激をカテゴリー化する傾向を示した．このことから，ヒトの表情判断

快度

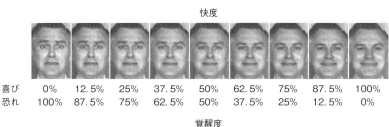

| 喜び | 0% | 12.5% | 25% | 37.5% | 50% | 62.5% | 75% | 87.5% | 100% |
| 恐れ | 100% | 87.5% | 75% | 62.5% | 50% | 37.5% | 25% | 12.5% | 0% |

覚醒度

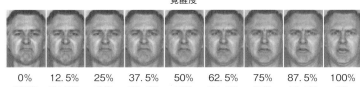

| 怒り | 0% | 12.5% | 25% | 37.5% | 50% | 62.5% | 75% | 87.5% | 100% |
| 嫌悪 | 100% | 87.5% | 75% | 62.5% | 50% | 37.5% | 25% | 12.5% | 0% |

図 2.4 表情のカテゴリー知覚に用いた実験刺激 (Matsuda et al, 2013)[14]
図 2.3A にある刺激をもとに，恐れから喜びへ（上），また，嫌悪から怒りへ（下）連続的に変化する刺激を作成した．

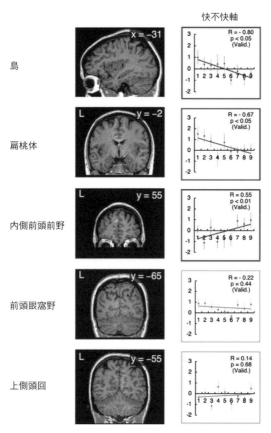

図 2.5 連続刺激による脳血流指標の変化（Matsuda et al, 2013）[14]
これらの脳部位では情動刺激の連続的な変化に対して連続的な応答がみられる．快不快軸の結果のみ示す．

は本来カテゴリー的なのだと考えられる[13]．

次に，同じ刺激を提示された被験者の脳活動を機能的 MRI で撮像した．被験者の課題は提示された顔が正立か倒立かを答える課題であったため，情動判断は明示的に指示されていない．情動処理に関連するとされる脳部位である内側前頭前野，扁桃体，島，前頭眼窩野，上側頭回の脳血流指標を測定し，刺激変化に対して連続的に変化するかカテゴリー的に変化するかを検討した（図 2.5）．結果，これらの脳部位では快不快軸，睡眠覚醒軸ともに連続的に脳血流指標が変化することがわかった．すなわち，情動に関連する脳部位では表情の知覚は連続的なのである[14]．

以上のことから，私たちが認知的な判断をする場合には情動表出はカテゴリー化されるが，情動にかかわるとされる脳部位の活動は連続的な変化しか示していないことがわかる．私たちの認知的な判断は，情動情報処理にかかわる脳部位からの入力に基づくと考えられるが，これをカテゴリー化させるのは言語やメタ認知にかかわる領域なのかもしれない．筆者たちはこの仮説を検討するための実験を現在進めている．

b. 動物の情動知覚

動物が同種や異種の他個体が表出する情動をどう知覚するかについての研究は，行動レベルにおいては驚くほど少ない．情動の知覚の研究は，ヒトにおいては主に言語表出や選択行動に依存する．動物においては言語表出ができないので，条件づけを利用した弁別行動を指標とせざるを得ない．これに比べて，神経生理学的な情動認知の研究は多い．だがこれらの多くは，刺激として人間の表情を使っている．人間の表情認知の神経機構を探るためのモデルとして動物，特にマカクザルを使っている場合が非常に多い[15]．

チンパンジーを用いた実験では，チンパンジー版のFACSを開発し，それに基づいた表情カテゴリーで見本合わせ課題を行った研究例がある[16]．チンパンジーに特徴的な五つの表情カテゴリー（歯剥き出し，遊び顔，パントフット，唇弛緩，叫び）についての見本合わせで，パントフット以外のカテゴリーについては高い正答率を示した．チンパンジーの表情カテゴリーはそれぞれが特有の情動状態に対応していると考えられる．しかし弁別課題や見本合わせ課題では，刺激とされた表情や音声が果たして情動刺激として処理されたのか，または単に複雑な複合刺激として処理されたのかはわかりにくい．

これに対して，近年開発された「認知バイアス課題」は，動物の情動認知をより正確に測定できる可能性がある[17]．この課題はラットを対象に開発されたものであるが，他の動物にも適用可能である．二つの弁別刺激，たとえば2 kHzの音と9 kHzの音を用意し，2 kHzのもとでラットは一方のレバーを押すと水が報酬として与えられ，9 kHzではもう一方のレバーを押すと強いノイズを避けることができるのを学習する．このように訓練されたラットは，5 kHzの音に対してはどちらのレバーにも同様に応答する．しかし，ラットにストレスを与えてからこの課題を行わせると，5 kHzの音を9 kHzの音と同様に扱うようになる．すなわ

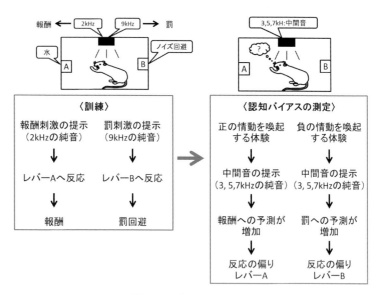

図2.6 認知バイアス課題

ち，5 kHz の音を聞いても強いノイズが来ることを危惧するのである（図2.6）．研究者たちはこれを，ラットがストレス状態により「悲観的」になったのではないかと解釈している．この認知バイアス課題は多様な動物に適用されており[18]，これまでの研究で，ラットに加えてイヌ，ムクドリ，ミツバチで同様な結果が報告されている．

この方法は，動物の情動認知研究に非常に有望ではあるが，現在までのところ他者の情動をどう認知するかを測定するのに使われているのではなく，主体の情動状態の報告として使われているのがほとんどである．認知バイアス課題を応用して，他者の情動状態の知覚を測定するような研究が望まれる．

コラム3 ミツバチの情動知覚

哺乳類や鳥類に情動があることを多くの人は疑わないだろう．さて，昆虫ではどうだろう．昆虫に情動があるとすれば，殺虫剤を使うのも考えものかもしれない．本文で説明した認知バイアス課題をミツバチに応用して，ミツバチにも情動があると主張した論文が出版されている[19]．まず，二つの匂い刺激を9：1で混合したものを正刺激，1：9で混合したものを負刺激として準備する．正刺激を提示した際に口吻を延ばすと蜜で強化されるが，負刺激に対して口吻を延ばすと苦み物質で罰せ

られる．このように訓練されたミツバチに，さまざまな混合率の刺激を与えると，混合率に応じて口吻を延ばす反応が観察された．次に，実験に先立ち，ミツバチを入れた瓶を60秒の間強く揺すった．これは捕食される危険をミツバチに感じさせるためである．この操作により，ミツバチの体液のドーパミン様物質とセロトニンの濃度が減少する．その後認知バイアス課題を行うと，ミツバチは中間的な刺激をより負刺激に近いとして判断することがわかった．以前は混合比1：1の刺激については60％の口吻伸長を示したのに，これが40％まで減少したのである．研究者はこの結果から，ストレスを受けたミツバチが「悲観的」になったのではないかとしている．

2.4 情動判断による行動変容

　情動が知覚されることでどのような行動変容が起こるだろうか．情動の知覚が意識経験を伴うかどうかは，ヒト以外の動物ではよくわかっていない．ヒトにおいても，明示的な言語表出を要求する場合や，弁別課題を導入する場合以外には，意識経験の有無については議論することは難しい．むしろ，意識経験が介在しないレベルで，情動の知覚が行動の変容を起こす場合がある．最も理解しやすいのは，情動の知覚により，受容者にも同様な情動状態が生ずることである．この現象は情動伝染と呼ばれる．情動伝染は言語を介さずに生起するし，それを起こしている本人にも意識的な経験がないので，ヒトと動物における情動判断による行動変容を比較するのに適切である．

a. 原初的情動伝染

　情動伝染の原初的な段階として，急速顔面模倣がある．顔面ミラーリングとも呼ばれるこの現象は，対面して相互作用している相手の表情を無意識に急激に，通常1秒以内に模倣する現象である[20]．この現象は，表情として表出されない場合でも，筋電位として測定可能な場合があり，ヒトの対話を含む親和的なコミュニケーション場面でよく観察される．知覚と運動を結ぶミラーニューロンによる自動的な過程であるとされている．相手の表情を無意識に模倣することで，相手と同じ情動状態に引き込まれやすくなると考えられる．

　急速表情模倣はヒトに特有な現象と考えられてきたが，近年ではオランウータンやゲラダヒヒの親子の親和的な場面においても観察されている．母子の絆を維

持する仕組みとして霊長類で獲得された行動であろう[21]．

　あくびがうつるのは日常よく経験する．この現象も情動伝染や顔面模倣の一例として説明される場合がある．親和性の強さがあくびの伝染度合いに関連するといわれる．あくびがうつる現象は，ヒトだけではなくチンパンジー，マカクザル，イヌ，セキセイインコなどでも報告されており，鳥類・哺乳類に広く観察される行動である[22]．あくびが情動表出といえるかどうかについては議論が分かれるが，これが伝染する現象は，急速顔面模倣の一種であるととらえてよかろう．

　音声領域でも，急速顔面模倣に似た現象はある．笑いの伝染である[23]．テレビ番組でよく笑い声を流すことがあるが，笑いを伝染させることで笑いを誘発し，表情筋からのフィードバックにより実際に面白いような気分にさせるという効果を狙っているのであろう[24]．もらい泣きという現象もあるが，これは声だけではなく状況全般も含めた情動伝染効果と思われる．筆者たちは生後3カ月前後の乳児でももらい泣きがあることを発見したが，この現象は女児のほうが多く発生する（二藤ら，未発表）．笑いそのもの，泣き声そのものと同等の現象が動物ではみられないので，笑い声，泣き声の情動伝染については動物で比較できるデータはない．

b．情動伝染

　ある個体の情動状態がその表出を通じて他者に伝達されることを情動伝染という．情動伝染を動物において測定することは容易ではないが，生理状態の測定によってある情動が伝染した可能性を示唆することはできる．

　キンカチョウはつがいの絆の強い一夫一妻制の鳥類である．キンカチョウはさえずりの他に社会的絆を維持する機能を持つ地鳴きを持つ．グループやつがいの個体からはぐれたときに出す地鳴きを隔離声という．キンカチョウのオスにおいて，隔離声の音響構造は急性ストレスによってピッチが高くなり，持続時間が延びるという変化を示す[25]．ストレス下のオスの隔離声をつがいのメスに聞かせると，メスのコルチコステロンレベルが上昇する．このことは，オスのストレス状態がメスにも伝染したことを示唆している．

　マカクザルを対象に，同種が威嚇している映像と，攻撃されて叫んでいる映像，餌を食べている映像をみているときの顔の温度変化をサーモグラフィで調べるという研究がある．これによれば，最初の二つの情動映像をみているときだけ鼻

尖の温度が低下した．鼻尖の温度低下は交感神経系の亢進と対応しており，SCRも上昇しているので，威嚇や攻撃の画像をみることで，サルの生理的な覚醒が昂進したといえる[26]．

c. 接近と回避

ラットが痛みに対応した表情表出をすることをすでに説明したが[8]，ラットの表情は社会的な信号として利用されるのだろうか．最近の研究では，あるラットの痛み表情と中立表情を実験箱の両端に画像として提示して，他のラットの滞在時間を測定すると，痛み表情の部屋よりも中立表情の部屋に長く滞在したという[27]．この結果は，ラットの痛み表情が他個体にとっても危険信号として利用可能であることを示している．

コラム4　魚類の痛み

日本人は不思議なもので，魚が痛みを感じるのは当然のことと受け入れているが，同時に活け作りを楽しむことができる．逆に欧米人は，魚は痛みを感じないと思っているようである．アメリカの生物学者ブレイスウェイト（Braithwaite）は，さまざまな実験を通して魚が痛みを感じることをあえて証明している[28]．水槽の一部に，近づくと電気ショックを受けるような領域を設置しておく．魚を水槽に入れると，しばらくするとその領域を避けて泳ぐようになる．電気ショックを受けたときの魚は，脈拍や呼吸が増加し，食欲がなくなる．さらに，鎮痛剤を投与すると，魚はその領域をあまり避けなくなる．このことから，魚が痛みを感じていることが予想できる．これらの実験から，魚類にも痛みとそれに伴う情動があるはずだと思われる．魚が痛みを感じる以上，釣りのキャッチ・アンド・リリースなどは，非人道的な遊びとなろう．

2.5　情動認知の進化を説明する仮説

他者の情動を認知して適応的な行動をとることは，動物にとって明らかに適応的といえよう．なぜなら，他者がいち早く検出した状況変化を他者の情動表出からうかがい，自らも同様な状況変化に対応できるだろうから．ネガティブな情動を認知することで，危険に対応できることになるし，ポジティブな情動を認知す

ることで，報酬獲得の機会を失せずにすむかもしれない．このように，情動認知そのものが適応的であることは疑う必要はないので，ここでの議論では情動認知のメカニズムの進化に焦点を絞る．

a. ミラーニューロン仮説

最初に検討すべきはミラーニューロン仮説である．ミラーニューロンとは，ある行為を自発している際と，その行為を自発している他者を観察している際のどちらでも同様に応答するニューロンのことである．このような性質を持ったニューロンは，リゾラッティ（Rizzolatti）らによってマカクザルの把持行動の研究中に発見された[29]．ミラーニューロンはその後，学習や共感など，ヒトの特異性を説明する神経科学的な概念として喧伝されすぎたきらいがあるが，神経科学的な詳細はあまりよくわかっていない．

一例を紹介すると，実験参加者に不快なニオイを嗅いでもらい，その際の脳活動を機能的 MRI で撮像した．また，その不快なニオイを嗅いでいる他者のビデオをみせた際の脳活動も撮像した．これらのデータを比べ，研究者たちは島皮質の一部に共通して活動する領域を発見した[30]．リゾラッティらはこの結果を，島皮質がもともと内臓運動の統合をつかさどるミラーニューロン様の機能を持つことによると説明する．吐き気を催している他者を目にすると，自分自身も気分が悪くなる．吐き気を催している他者は，その付近に有害な物質や食べ物があることの信号となり，その付近を避ける機能として気分が悪くなるという応答が出てくるとすれば，これは適応的な反応である．このような反応が島皮質を中心に形成されるのはなぜだろうか．これを考えておかねばなるまい．

コラム5 鳥の歌のミラーニューロンと報酬系

ミラーニューロンはもっぱらサルの把持行動を中心に研究が進んできたが，実は鳥類の聴覚発声系でも注目すべき研究が進められている．ムーニー（Mooney）らは歌を学んでうたうジュウシマツなどの小鳥を用いて，自らがうたっている際にも，同じ歌を録音再生して聴かせた際にも同様に活動する神経細胞を発見した[31]．これらの神経細胞は，鳥の歌制御システムの最上位中枢である HVC にあり，そこから大脳基底核の X 野に投射するものであることもわかった．筆者の研究室では，ジュウシマツの大脳基底核の神経細胞の一部が，歌をうたっているときと餌を食べよ

うとしているときとで同様に活動することを発見した[32]．もし小鳥の歌のミラーニューロンが報酬系と密接な関係を持つとすれば，小鳥の歌学習はこのシステムを利用して発達していくことが考えられる．

b. ミラーニューロンの形成過程

ミラーニューロンがどう作られるのかについて，大きく分けて三つの仮説が提案されているが，現在までのところ実験的な検証はほとんどない．

第1に，ミラーニューロンは他者の意図理解に適応的だったために進化したというものがある（適応説）[33]．この仮説は，ミラーニューロンの機能についての拡大解釈が必要になってしまう．他者の意図理解に至る前の，自己の行動と他者の行動に応答するという機能のみから適応価を考える必要がある．第2に，ミラーニューロンは運動系と感覚系の作用の随伴性による広義の連合学習の副産物であるというものである（連合説）[34]．連合学習が生起し，運動系から感覚系への連合が，逆方向に感覚系から運動系への連合を生み出すメカニズムを仮定する必要がある．運動系と感覚系に双方向なネットワークがあることを仮定すれば検討可能なモデルかもしれないが，実際の神経系の構築とはずいぶん異なる．最後に，ミラーニューロンはエピジェネティックな過程により形成されるというもの（エピジェネシス説）[35]．エピジェネシスがどのように機能するのかをもっと特定する必要がある（図2.7）．

以上は対立仮説のように議論されることが多いが，適応説はミラーニューロン形成の究極要因，エピジェネシス説はその発達要因，連合説は至近要因に関するものである．これらは対立仮説としてではなくむしろ相互に補完するものとしてとらえられるべきである．

前項に戻ると，島皮質の一部が自己が不快なニオイを嗅いだときのみならず，不快なニオイを嗅いだ他者の表情が伝染し，顔面フィードバックにより不快な際に応答する内蔵運動システムが作動したことになる．そのような都合のよいネットワークが連合学習によって成立するものだろうか．これを受け入れるためには，さまざまな表情に対する顔面模倣が生得的に備わっていることを仮定せねばならず，たとえミラーニューロン仮説を導入しても節約的な説明にはならない．

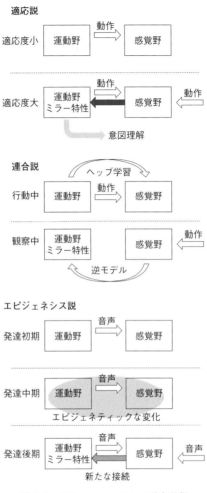

図 2.7　ミラーニューロンの形成過程

c. 要素過程モデル

　ミラーニューロン仮説は一見説明力が強いが，ミラーニューロンの形成メカニズムを解明しないことには説明の先送りにすぎないことがわかった．情動認知の進化を包括的に説明するためには，結局のところ，情動の進化そのものを包括的に説明する必要が出てきてしまう．その場合，基本6情動仮説はヒトと類人猿の一部しか扱えないという限界がある．ここで，情動の進化を扱うその他の仮説を検討せねばならない．

シェラー（Sherer）による要素過程モデルでは，状況を単純にカテゴリー分けして認知するのではなく，状況はまずいくつかの評価次元によってチェックされ，それぞれの評価値に応じていくつかの情動要素が活動する．それぞれの評価次元は，複数の情動要素とある重みづけを持って結びついている．これら情動要素の活動の総和が生理状態を変え表出され認知される[36]．シェラーの要素過程モデルで仮定されている評価次元は，①新規性，②快度，③必要性，④対応可能性，⑤社会規範の五つとされる．遠藤[37]は，評価次元が増えることが情動の進化なのではないかと提案しており，特にヒトにおいて⑤社会規範が重要な評価次元になったことで，ヒト特有の多様な情動状態が生じてきたと考えている．しかしシェラー的な枠組みは，古くはセルフリッジの万魔堂モデルから[38]，戸田のアージ理論[39]，ミンスキーの情動機械[40]に類似したものであり，認知全般のモデルの様相を示し始めている．このため，逆に情動について説明力を失っているようにもみえる．

d. 原初情動モデル

パンクセップ（Panksepp）は，ラットの脳の特定部位の電気刺激によって特定の情動行動を誘発できることを基準とし，原初情動を定義していった[41]．結果，七つの明白に定義できる脳部位とそれに対応する情動を同定した．これらは，①探索（側座核等），②怒り（内側扁桃核等），③恐怖（外側扁桃核等），④欲情（視床下部等），⑤保護（前帯状皮質等），⑥悲哀（前帯状皮質等），⑦遊び（視床背内側等），である．動物の行動はこれら七つの原初情動の発現として観察可能であるという．原初情動モデルは，情動表出のモデルであって情動認知のモデルではないが，動物の情動の多様性を理解する手がかりとなるので，ここで紹介しておく．

ここでいう探索とは，環境の特性を理解し，報酬を得そうな事態と苦痛に陥りそうな事態を予測する基本的な衝動であり，側坐核がその中心となる．側座核は長い間快楽の中枢とされてきたが，快楽そのものよりも快楽の予測を担当するようである．怒りとは，もともと捕食者に捕捉されて身動きできなくなった状態の情動から進化したとされる．怒りは動物に爆発的なエネルギーを与え，相手に恐怖を与える機能を持つことで，危険からの脱出を可能にする．恐怖とは，身体的精神的な痛みを避け，捕食者に損傷される危険を低減する機能を持つ．対象が明

白でない恐怖は不安とも呼ばれる．いずれにせよ，危険を低減し生存可能性を上げる機能を持つ．欲情とは，性行動をつかさどる情動である．保護とは，母性愛・父性愛をつかさどる情動である．悲哀とは，親から分離された幼弱個体が示す行動に源を持ち，親の養育行動を刺激するような情動発現を持つ．成熟個体においては，社会的な仲間やつがい相手からの分離不安をもたらす情動である．遊びとは，主に幼弱個体に生ずる情動で，将来の適応的行動につながる可能性があるが，それ事態はあまり機能を持たない身体運動や，他個体とのじゃれあいを引き起こす．類人猿やカラス類では成体も遊びのような行動を示す場合がある．

パンクセップは，原初情動モデルを基盤として共感の進化について考察できると考えている[42]．共感の根底にあるのは保護情動であり，視床下部など，皮質下の脳構造が関連しており，情動伝染もこのレベルでの現象であるという．次にくるのは学習が介在するレベルであり，大脳基底核を含む辺縁系が関与し，習慣的な共感性行動をつかさどる．最後にくるのは大脳新皮質を中心とする認知的な共感機能であるという．しかしこの枠組みはあまりに粗いといわざるをえない（図2.8）．

原初情動モデルを積極的に情動認知に応用した研究例はない．しかし，脳の責任部位と生起する行動特徴が明確に定義されているモデルであるため，情動認知の理解に貢献することが期待できる．このモデルをもとに，特定の脳部位から特定の情動に対応するようなミラーニューロンを検索するような研究プログラムが構築できる．

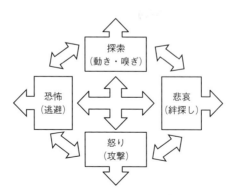

図 2.8 パンクセップの原初情動モデル（Panksepp, 2013）[42]
探索・怒り・恐怖・悲哀に対応する行動は脳の特定部位の刺激で励起することが可能である．これら4情動は互いに促進・抑制の関係も持つ．

おわりに

　本章のはじめに，筆者は「情動認知とは，他者の表出する情動を検出して自己の行動を調整することにより，適応的な応答をとることである」と定義した．これに基づき，情動認知の進化について，表出と検出，知覚，行動変容の3段階を考え，ヒトと動物とを比較してきた．

　顔表情や発声によって表出される情動状態を，ヒトとヒト以外の動物について連続的に扱うことを可能にするような仮説はいまのところ少ない．基本情動仮説はヒトおよび一部の霊長類に適用可能だが，それ以外の動物では適用が難しい．包括的な情動認知のモデルとしてシェラーの要素過程モデルがあるが，あまりに複雑なシステムであり，動物との比較に応用できそうにはみえない．シェラー自身が語る情動の進化とは，ヒト科における情動の進化に限定されるのかもしれない．一方，パンクセップの原初情動モデルは，情動認知の進化を扱うことが可能かもしれない．しかし，ヒトの情動の多様性を扱うのには限界がある．この限界は，言語によるメタ認知というヒト特有の現象を扱いきれないからであると考えられる．そもそも情動の認知の進化的比較が可能なのだろうか．この問題は本章のはじめにも提起した．情動認知の進化とは，ヒト特有の認知システムが作り出す偽問題にすぎないのではないだろうか．動物における情動認知とは，その情動で励起される行動と不可分である．情動と行動が言語によって分離されたヒトにおいてのみ，「情動の認知」が意味を持つのだろうか．だとすると，むしろ言語の介在を回避するような形でヒトの情動認知課題を組み直す必要がある．

　言語を回避することが可能な方法として，認知バイアス課題に期待できる[17]．この課題は，報酬と罰という両極を条件づけで定義したうえで，中間的な刺激がどう認知されるかが個体の情動状態によって変化することを利用したものである．このパラダイムでは，快と不快の一軸でしか情動評価ができないが，情動認知の進化的比較は可能であると思われる．このパラダイムは昆虫，鳥，哺乳類で幅広く適応可能であることが示されている．将来，認知バイアス課題と脳機能研究が融合し，特にパンクセップの原初情動モデルとの対応関係を調べるような研究が進められると，情動認知の進化をヒトと動物で統一的に語ることができるかもしれない．

［岡ノ谷一夫］

3 情動と社会行動

　動物はそれぞれの群れの中で，適応的な行動をとり，安定した社会生活を営む．安定した社会生活を得るためには，その群れの中での統率された行動が重要となる．ある場合は，役割分担が行われたり，あるいは社会的階層を持つことで，行動のレパートリーを変化させたりする．つまり，社会行動とは，社会的立場に準じた行動，とも言い換えることが可能である．興味深いことに，多くの社会行動はホルモンの制御下にあり，性行動や攻撃行動，親子の関係性がホルモン依存的に成り立つ．ホルモンとはある臓器から分泌され，血中などの体液を介して標的の臓器に作用し，効果を発動するものをいう．行動にかかわるホルモンの多くは脳から分泌の指令を受ける，あるいは脳を標的臓器としている．近年研究が盛んなシナプス伝達系の制御因子と異なり，ホルモンの作用，特にステロイドホルモンの作用は緩やかな時間経過を要する．このことは，ホルモンが行動の発現に瞬時に作用するというよりはむしろ，長い時間軸の中における，適切な行動発現の推移を制御すると言ってもいいかもしれない．たとえば，幼若個体から性成熟を迎えるとき，成熟後のホルモンによるオス型行動の発現，メス型行動の発現，オスとメスがつがったのちの養育行動への推移，など生命活動の時期や群れの中における役割の特異性を担っているのがホルモンのはたらきの一つである．そしてこのような生命活動の時期や社会的な役割によって，外界の刺激に対する情動反応性も大きく変容する．たとえば，未経産のマウスでは仔マウスの発する鳴き声に情動的な応答をしないが，出産を経験することで，仔マウスの声に対して接近行動を示すようになる．

　ヒトや動物の情動をとらえるとき，その情動を制御するシステムが中枢に存在することはおそらく疑いのないことである．脳の最も重要な機能は行動を起こすことであり，行動が複雑に制御されるにつれて，脳は肥大化してきているといえ

る.情動は,すなわち行動を起こすための外界からの刺激によって喚起された内的な動機づけの一つである.ヒトの複雑で洗練されたさまざまな情動の起源を動物に求めるとき,それはおそらく学習されたものに加え,社会行動のようなある種の適応的行動の中に見いだすことが可能であろう.なぜなら情動の機能自体が進化の過程で獲得された適応的反応であるからである.動物の中で観察される多くの社会行動,たとえば母を求めて鳴く幼齢個体や,仔に対して温かい養育行動を示す親,メスをめぐり闘争を続けるオス,意中のオスと交尾に至るメス,つがいを形成し常に寄り添うオスとメス,これらの動物の行動の背景にある神経回路や分子を見いだすことは,おそらくヒトにおける情動の起源を見つけることと重なってくるに違いない[1].

本章では,動物における社会行動の成り立ちとその背景にある情動の役割について述べ,さらにこれら情動の機能におけるホルモンとの相互作用に着目してこれまでの研究を紹介する.特に情動の起源にかかわると思われる社会行動—愛情を注ぐ養育行動,絆の形成,絆の仲間から離されることによる恐れやストレス経験,異性に対する性的覚醒と情熱,縄張りや異性をめぐる闘争—に焦点を当てる.

3.1 親子の絆

ヒトを含む哺乳類は胎盤形成および授乳を含む養育行動によって子孫をより多く生存させるという特異な繁殖機能を獲得したが,これは卵を産む卵生や,卵をメスの体内で孵化させてから仔を産む卵胎生と比較すると,哺乳類の産子数は圧倒的に少ない.また,生後間もない新生子の個体は体温調節や運動機能などが未成熟な場合が多く,親は授乳など多くの資源を割いて子を養育する必要がある.このような哺乳類の繁殖形態は一見すると「自己の遺伝子をより多く次世代に伝播する」という適応的戦略の第一義から外れているように思えるかもしれない.しかし,生育環境が後天的にクロマチン修飾を変化させ,遺伝子発現が調節されることが明らかにされつつあり[2],このことは未成熟かつ可塑性に富む状態で出産することは,子に環境により適応した機能を獲得させるうえで大きなメリットがある.別の言い方をすると,哺乳類の進化的な戦略は,後天的に環境に大きく適応しうる機能を獲得し,個体の生存確率を飛躍的に上昇させた,ということである.このような点を鑑みると,刻々と変化する環境下における親の養育行動が子の発達に及ぼす影響は大きいといえる.実際,養育行動を通して子の遺伝子発

- 分離による不安・ストレス応答(喪失)
- 再会時の興奮(喜びや幸せ)
- 共にいることによる情動の安定化(安心や安堵)
- 社会緩衝作用(不安やストレスの軽減)

図 3.1 絆形成による情動変化の例
動物における絆形成は愛着行動や親和行動をお互いに与えあう関係性を繰り返すことで形成される.絆形成が成立した動物の個体間では,分離によるストレスなどいくつかの情動的変化が観察可能である.この動物における観察可能な変化は,ヒトにおける情動と共通性が示唆される.

現が調整されることがげっ歯類を用いた研究により明らかにされており,母子間で構築される絆が子の生存のみならず,適切な発達にもきわめて大きな意味を持つことがわかる.

　生物学的絆は直接的に観察することができない概念上の関係性である.しかし,行動学的・生理学的な研究により,その存在をある程度,垣間みることができる(図3.1).絆を形成した個体間では,互いに特異な情動行動や神経内分泌反応を呈し,相手に対する接近行動と寛容性が高まり,逆に絆の個体同士を隔離することにより不快情動反応やストレス内分泌応答が生じる関係性として評価可能である[3].たとえば,生物学的絆が形成された個体同士を物理的に隔離することにより,ストレス指標であるグルココルチコイドの血中濃度が上昇することが知られている.また,生物学的絆が形成された同種個体同士を一緒に飼育したり,あるいは分離後に再会させたりすることで分離ストレスや嫌悪刺激に対する抵抗性が高まる社会的緩衝作用が生じる[3].社会的緩衝作用の強さは個体同士の親和性の強さに依存しており,母子間のような絆のある個体間で最も強い効果を持つ.このような母子間の結びつきの重要性はヴォールビー(Bowlby)による"愛着理論(Attachment Theory)"としてはじめて提唱されたが[4],その中で,養育者の果たす役割として,"安全基地(Secure Base)"が記載されている.つまり,

幼若個体が，養育者のもとでは安心して守られている，というものである．実際にその後の研究により哺乳類の母子間において強い社会的緩衝作用が生じ，子は母動物とともにいることで，外界からのストレスから守られる．絆を形成した個体間での一緒にいることでの安心の情動状態，さらにはそれらが離された際の寂しさに近い不安やストレス反応のような情動は，このような動物の母子間の関係性に起源を持つと考えられよう．

　母の存在は，特に哺乳動物では栄養学的な知見からも，子が生き延びるためには必要不可欠なものである．哺乳類の子は生まれながらにして，母を認知し，匂いを手がかりに乳房を探り当てることができる．このような子からの活動的な接近行動は愛着行動として機能し，母親の母性を刺激する．母親からの養育行動は子の身体的な成長とともに情動や社会性をつかさどる脳機能を育んでいく．つまり子から母への愛着行動と，母から子への養育行動との循環により次第に強い関係性，絆を形成する．このような母子間の絆の形成は個体間の親和性を著しく高め，親密なコミュニケーションを成立させる．さらに幼若個体を不快な刺激や過剰なストレスから守り，正常な情動・社会行動の発達に重要な役割を担う[5]．この母子間の関係性は，母親は子が痛みを感じるなどの不快情動の反応を示すと，その情動を認知し和らげるべく応答するメカニズムを持つ．逆に母親の緊張状態もすぐに子にも伝達される．すなわち共感性の起源ともいうべき機能を有している．このことからヒトを含めた動物における情動の伝達とそれに対する応答のメカニズムをとらえるとき，その根源的な機能が母子間に観察できるという考え方は，母子間の観察研究や適応的機能からみても強く支持されるだろう．母子間の関係性は一時的な効果だけではない．幼少期の母子間の絆形成が障害された動物では，成長後の親和行動の障害や情動反応の過敏化が認められ，さらに他個体のストレス反応を減弱させる社会的緩衝作用にかかわる機能も低下する[6]．このことから母子間の関係性は，情動の発達にもかかわる大きな要因である．以下，母子間の絆形成にかかわる社会シグナルとホルモンの役割について概要し，さらに母子間の絆形成にかかわる神経機構が，動物における情動の伝染，すなわち共感性にも関与する可能性について触れる．

a. 群れの形成と絆の機能

　シリアンハムスターのように単独の生活を好む動物もいれば，ヌーのように非

常に大きな群れで生活する動物もいる．基本的には群れの機能が有意に働く場合には動物は群れるといわれている．群れの機能として，天敵からの攻撃を直接受ける確立が低下する希釈効果，餌の確保などの協力が得やすいこと，繁殖相手を見つけやすいこと，などがあげられる．一方，デメリットとしては見つけた餌を分配しなければならないこと，競争や病気などのリスクが上昇すること，などである．群れで生活する戦略をとる場合，協力や同調がその機能として重要になるが，協力関係は血縁個体のほうが適応的メリットが大きい．たとえば，助けた相手が血縁であれば自己の遺伝子の生存確率が高まる，ということになる．そのため，群れの構成は，血縁個体，その多くは母子を中心に形成される．もちろん大きな群れでは血縁以外の個体とも共存することになるが，その場合でも群れの中には母子を必ず含み，基本となるのは母系の血縁関係であることが多い．たとえば強固な群れを形成するオオカミではアルファと呼ばれるオスとメスが頂点に立ち，繁殖や資源の確保を行う．群れの構成員はそのオス・メスの仔たちであり，3歳程度までのメスが群れに残る．残ったメスたちはアルファのメスの産んだ若いオオカミの育仔を手伝う．一方，オスは性成熟を迎える頃から群れを出て，新しいアルファになるための修行を始める．

　このように母系を中心とした群れの結束は養育環境を介した絆の形成に依存している．動物が血縁関係を何らかの情報を手がかりに弁別するという報告もあるが，多くの場合は親和性という異なったパラメータを代用する場合がほとんどである．里子に出すことでも血縁以外の個体をもしっかりと育て上げることからも，その事実がうかがえる．この親和的関係にある同じ群れ内の個体は移動や獲物の確保などを一緒に行うことになる．動物が群れを形成し，安定して維持するためには他者の得た情報を群れの中で共有し，行動を同期化させる必要がある．行動を同期化させるには，他個体の行動や情動反応を観察し，それに対して自身の内的な身体性を一致させなければならない．これらの同期化はゲンジボタルの点滅や魚の群れなどでも認められるが，哺乳類ではさらに複雑化し，行動の同期化の際に相手の意図や行動の意味を予測するような能力が獲得された．これが共同注視や意図理解である．母親が天敵に気づき，その平原の先を見つめていると，子どもたちも同じように平原の先に天敵の姿を探す．逆に狩りの場面では，獲物を定めた場合に，複数個体が同じ獲物を狙うように，視線や追跡の先にある個体の情報を共有することができる．群れの移動などもリーダーに従った行動の同期化

の現れである．

　共感性の起源と考えられる他個体からの情動の伝染はその中で発達してきた機能であり，天敵などの他者の得た情報に随伴する情動応答を，他個体が有効利用する仕組みである[7]．このような群れの安定性にかかわる神経機構はヒトなどの霊長類のみならず多くの動物で保存されてきた適応的機能といえる．たとえば，マウスでも他者の痛み行動を観察することで，痛みの伝達が亢進することや，親和的他個体の存在がストレス応答を軽減させることが報告されてきた．このことは共感性の起源といえる情動伝染の神経機構が，種特異的かつ生態に適応するような形で保存され，社会集団を安定させ発展させることで個々の生存と適応度を上昇させるために発達した生得的な機能の一つであることを意味する．

　もう一つの群れの機能として，群れの中にいることでの「安心」があげられる．危険にさらされストレスを受けた個体が群れに帰ると，他個体が守ってくれるという安心を得ることができる．親和的な仲間の存在がストレス応答性や不安行動を軽減させる減少を社会緩衝作用という[8]．群れ動物の特性として，この社会緩衝作用があげられる．さらに群れの中にいる弱者を守る行動が発達した．これは群れのメンバーが遺伝的に近縁であることから適応度の観点で理解されることが多いが，その弱者を守るような神経機構，特に行動の発現を促す動機付けは情動の応答を介した共感性という脳機能で説明されている．特に顕著なのは母動物が幼若個体を不快な情動刺激や過剰なストレスから守り，安心できる環境でたくさんの社会学習を体験させる様子が観察される．この母性行動や母親の庇護は子の正常な情動・社会行動の発達に重要な役割を担う．群れの機能である情動の伝染やストレスの社会緩衝作用などは，見知らぬ個体間よりも，親和的関係性，とりわけ絆を形成している個体間でより顕著に観察できる[8]．つまり絆形成の神経機構と情動の伝染の神経機構が共通な基盤の上に成り立っていると仮定できる．

　進化の過程で生物はさまざまな適応的発達を遂げてきた．その過程において生き残りをかけた競争の原理が働いていてきたことは想像に難くない．しかし，上述したように哺乳類は同時に，群れのメンバーが弱者を守り，仲間の存在によってストレスが軽減するような，親和的な神経・行動システムも発達させてきた．親和性や共感，助け行動の重要性に関しては，ダーウィンの著"The Descent of Man"[9]にも下記のとおり記載されている．「同情（あるいは共感）は習慣（学習）によってより強く発現するようになる．どんなに複雑な形にその気持が発展しよ

うが，相互に助け合いそして保護しあうすべての動物にとって，同情にかかわる感情は非常に重要なものの一つであり，自然淘汰の進化の過程においてもさらにその重要性は高まってきているといえる．最も思いやりの強いメンバーが数多く含まれている群れは最もよく繁栄して，多くの子孫を育て上げることが可能なのである」．つまり，情動を伝え，受容し適切な行動をとって仲間を守ること，すなわち共感性ともいえるこれらの群れ行動は個体の生存確率を上げ，適応的な結果の一つであると解釈できることになる．

このような親和的システムが機能するには，まず群れのメンバーなど親和的行動の対象となる相手を識別すること，識別するためのシグナルを共有すること，さらに認識後に適切な行動をとることが必要である．情動の同期化には，メンバーの識別に加え情動を伝えるシグナルが存在すること，それが受容されて同じような情動回路を活性化すること，が必要である．簡単な例は，サルが木の上で空高く飛ぶワシをみつけると，高揚した警戒音を発して，不安行動や回避行動をとりはじめる．この警戒音を録音して他のサルに聴かせると，まったく同じような行動が発現する．このことから，音声が「警戒」という情動の共有化を伝えるシグナルになっていることがわかる．マウスでさえも他者が痛みを感じていると，自分の痛みの閾値がさがり，さらに痛がるようになることが報告された．マギル大学のモーギル博士らは，痛みを受けているマウスのそばにいる受け手マウスの耳や鼻，目を一時的に障害させて，伝播様式が抑制されるかどうかを調べた．すると，非常に意外なことに，耳や鼻を障害しても痛みの伝播は抑制されずに，視覚を障害したときのみその伝播が起こらなくなった．このことからマウスにおける痛みの伝播はなんと視覚を介していて，痛がっている相手をみることで相手の痛みを知り，自分の痛みの閾値を変化させることが示された[10]．

ともにいることの安心，離れたときの不安といった情動の起源的機能をもつと考えられる母子間において，このような個体認知や情動を伝えるシグナルの解明は，つまりは情動の表出や受容の理解と重なると考えられる．以下ではげっ歯類を中心に，母子間における社会シグナルとその伝達に関するオキシトシンの働きを紹介する．

b. 子の愛着行動と情動：子から母への伝達される社会的シグナル

多くの哺乳類の子は体温調節や運動機能が未熟な状態で生まれてくるため，生

後間もないころから親の養育行動を惹起するためにさまざまなシグナルを発する．その中で，特に子がもつ特有の嗅覚シグナルは親が子を認知するために用いられることが多い．たとえば，ヒツジは自身の仔をほかの仔と識別し，ほかの仔が乳房に近づくのを激しく拒む．このような養育行動の選択性は出産後，仔に付着している羊膜の匂いを人工的に洗い流すことで消失する．また，羊膜の匂いを自身の仔ではないほかの仔に付着させると，その仔に対して養育行動を示すようになることが報告されており，選択的養育行動が嗅覚シグナルを記憶することに依存していることがわかる．同様の現象はブタなどでも報告されている．

家畜などの大動物と同様，げっ歯類でも仔の認知において嗅覚シグナルは重要である．特に初産のマウスは養育行動の発現を仔から発せられる嗅覚シグナルに頼ることが多い．たとえば，初産のメスマウスの嗅球（嗅覚シグナルを受容する領域）を除去すると適切な養育行動が発現せず，仔殺しを行うことが報告されている．その一方で，すでに育仔をしたことがある母マウスでは嗅球除去をしても養育行動の発現が阻害されない．また，興味深いことに，たとえ初産のメスマウスであっても，出産前に実験的に何度も他の母マウスの仔に暴露されることで嗅球除去による養育行動障害が生じなくなる．このことから，育仔を初めて経験する場面では，嗅覚シグナルは養育行動の発現にきわめて重要な役割を担い，その後に育仔経験を獲得することで嗅覚シグナル以外，たとえば聴覚シグナルなどを頼りに養育行動を発現できるようになると考えられる．

仔が発する聴覚シグナルも嗅覚シグナル同様，養育行動を惹起する．聴覚シグナルはその性質上，離れてしまい姿が見えなくなってしまった親をすぐさま呼ぶのに適しており，ヒツジやブタなどの親は仔の鳴き声を頼りに離れた仔のもとに近寄っていく．げっ歯類の仔も巣や親から隔離されると幅広い周波数領域の音声を発する．特に，生後1週間程度の仔マウスはヒトには聴くことができない超音波領域の音声を発する．我々はこれまでの研究で母マウスが仔マウス超音波に顕著な接近行動を示すこと，さらに人工的に超音波の周波数や持続時間を変更すると，その接近行動が消失することを明らかにした．このことから，母マウスは仔マウスの発する超音波の特性を特異的に認知し巣戻し行動を呈すると考えられる．また，交尾経験や育仔経験により，仔マウス超音波への反応性が養育行動と同様に増大し，さらにこの反応性の上昇と仔マウスを巣に戻す行動が強く関連することが明らかとなり，仔マウス超音波への反応性と養育行動の発現がほぼ同様

のメカニズムによることが示唆された．近年，神経細胞の電気的な活動を測定する電気生理学的な研究により，仔マウス超音波に対して育仔経験のないメスマウスの聴覚野の神経細胞は活性を示さないが，母マウスでは特異的な高活性を示すことが報告されている．このことから，養育行動の発現は感覚受容野の神経可塑性を伴うことが明らかにされつつある．

　子が発する嗅覚シグナルや聴覚シグナル，そのほかのシグナルはそれぞれ別個に機能するのではなく複合的に受容されることで母個体は子を認知し適切な養育行動を発現する．たとえば，ラットの母個体は仔ラットの発する嗅覚シグナルを受容することで仔ラットの発する超音波音声に対し，より顕著に接近していく．また，ヒツジも仔が発する聴覚シグナルと視覚シグナルを複合的に認知することで，自身の仔をより正確に識別できることが示唆されている．近年，マウスを用いた研究により嗅覚シグナルを受容した状態では仔マウス超音波に対する聴覚野の神経活動が増加することが報告されており，複数のシグナルによる養育行動誘起の神経機構が徐々に解明されはじめている．

　以上のように子から母個体へ伝達されるシグナルにはさまざまなものがあり，そのいずれもが養育行動の惹起に寄与していることがわかる．すなわち子の愛着行動とは親にさまざまなシグナルを発することで養育行動を請う行動ととらえることができる．しかし，それぞれのシグナルが養育行動を惹起する神経メカニズムは完全には解明されていない．また，シグナルの受容メカニズムの解明とともに各シグナルが脳内のどの領域で統合され養育行動の発現にまで結びつくのか，その神経ネットワークの同定も今後の課題といえよう．

c. 養育行動と情動：母から子に伝達される社会的シグナル

　親個体から子へ伝達される社会的シグナルは子が自らを養育してくれる親の存在を認知するために必須であり，子の生存にとって不可欠なものである．そのため，幼若個体は生得的に母個体が発するシグナルを頼りに母個体へ接近行動を示す．多くの哺乳類において乳房付近から分泌される嗅覚シグナルは子を惹きつける効果がある．また，子は授乳を通して嗅覚シグナルを頼りに自身の親を記憶し，他の成熟個体と識別するようになる．

　哺乳類において親個体が発する聴覚シグナルの認知に関する研究は少なく，その神経機構についてもほとんど明らかにされていない．しかし，母子を分離した

ときに母個体が発した音声を録音・再生した実験によると，ブタやヤギなどの仔は母個体の音声に特異的な反応を示すことがわかっている．げっ歯類の成熟個体同士も音声コミュニケーションを盛んに行うことから，母子間においても音声コミュニケーションが行われている可能性があるが，いまのところ母個体から子に向けた音声発生は確認されておらず，その神経基盤はほとんどわかっていない．

母個体から子へ発せられるシグナルの中で特に触覚シグナルは子の発達にきわめて大きな役割を担う．この研究領域のパイオニア的存在はマギル大学のミーニー（Meaney）博士らの研究グループであろう．彼らは母ラットから多く毛づくろいを受けたり舐められたりした仔ラットは成長後にストレス耐性が高まり，不安行動が低下することを発見した[11]．さらに，このラットはあまり毛づくろいされなかったラットと比較して海馬のグルココルチコイド受容体の発現量が多いことも明らかとなった．一般的にストレスを受けると分泌量が増すコルチコステロンは下垂体由来の副腎皮質刺激ホルモン（ACTH）の刺激を受けて副腎皮質から放出される．この ACTH は脳視床下部にある副腎皮質刺激ホルモン放出因子（CRF）により制御されており，これら視床下部－下垂体－副腎のストレス内分泌をつかさどる反応軸は HPA 軸と呼ばれている．海馬のグルココルチコイド受容体はコルチコステロンと結合し，CRF 分泌ニューロンに抑制性の情報を伝達することで，HPA 軸活性のネガティブフィードバックの要として機能する．すなわち，母個体からの毛づくろい行動を多く受けることでグルココルチコイド受容体の発現量が増えると，ストレス反応系のネガティブフィードバックが強く作用し，ストレス耐性が高まることになる[11]．また，不安や攻撃といった情動の中枢である扁桃体における GABA 受容体の発現量も増加していることもわかった．GABA 受容体は抗不安薬であるベンゾジアゼピン系薬物の作用点であり，その受容体が増えたことで不安が低下したと考えられる．このような一連の変化は DNA のメチル化によるものであることが近年の分子生物学的研究で解明されており，養育行動が仔の遺伝子発現頻度を後天的に修飾することが明らかとなった[2]．

母子間の生物学的絆形成の存在を確認するために多くの母子分離実験が行われ，嗅覚や聴覚，触覚シグナルが絆形成に重要な役割を担うことがわかってきた．しかし，絆形成に重要な時期の同定にはいまだ至っていない．ラットやマウスにおいて授乳期に母仔分離され，低レベルの養育行動しか受けなかった動物は成長

後も高い不安行動，ストレス応答を示し，また学習能力や記憶力の低下が生じることが確認されている．おそらく養育行動により大脳辺縁系を含む広範な脳領域に後天的な修飾が加わっていると考えられる．また，授乳初期だけではなく，仔が自身で餌をある程度食べることができるようになってから母仔分離しても，同様に成長後の不安行動が増すことが報告されている[12]．このことから，母子間の生物学的絆は新生子期だけではなく，授乳後期においても形成され続け，子の発達に大きく作用すると考えられる．しかし，母子間相互作用によって生じる生物学的絆がどのようなシグナルにより構築され，いつ頃まで維持され続けるのか，その全容を解明するためにはさらなる研究が求められる．

d. 絆形成におけるオキシトシンの役割

ペプチドホルモンの一種であるオキシトシンは乳汁射出などに作用するが，ラットやヒツジにおいて社会的シグナルの認知や養育行動の発現にオキシトシン神経系の活性化が伴うことが知られており，生物学的絆形成の中心的役割を担うと考えられる．これらの知見からも，母子間の社会的シグナルの受容・認知メカニズムや，オキシトシンの機能解明は哺乳類の絆形成のメカニズムやその意義を探るうえできわめて有用である．

性経験や育仔経験のないげっ歯類のメスは出産前，幼若個体を忌避することがあるが，出産を経るとただちに養育行動を示すようになる．このような劇的な行動の変化をもたらす要因として視床下部内側視索前野の高活性化やエストロゲン，プロラクチンなどの内分泌ホルモン動態と，その受容体分布の変化などが知られている．近年，これらに加えオキシトシンの機能に注目が集まっている．オキシトシンは視床下部の室傍核（paraventricular nucleus : PVN）と視索上核の大細胞性ニューロン，小細胞性ニューロンで合成され，下垂体後葉から血中へ放出されるペプチドホルモンである．主に乳汁射出や子宮収縮を促すことが古くから知られているが，大脳辺縁系や脳幹などの中枢神経系にも作用し，いくつかの社会行動を制御していることがわかってきた．とくに，PVN の破壊やオキシトシンの作用阻害薬を分娩後のメスラットに投与すると養育行動の発現が阻害されることが明らかとなっており，養育行動の誘起にも大きく関与していることがわかっている．

げっ歯類の母個体において仔との触れ合いによって得られる接触シグナルは養

育行動の維持に最も重要なシグナルである．分娩後に仔を隔離し，母個体と直接接触できないようにしておくと仔に対する反応性が 1 週間程度で減少していくことが報告されており，養育行動の維持には，母仔が接触する必要があると示唆されている．特に乳房への吸入シグナルは乳汁射出を刺激するためにオキシトシンの分泌を増加させるが，このとき分泌されたオキシトシンが中枢神経系に作用し，同時に養育行動の発現も促すことが示唆されている．また，授乳とは直接的な関係はないが，毛づくろいやマッサージなどの接触シグナルでもオキシトシンの分泌が生じることから，オキシトシンが母仔の接触と高レベルの養育行動の維持を仲介している可能性がある[5]．

母仔の接触シグナルと比べると，仔マウスが発する嗅覚，聴覚シグナルが養育行動の維持にもたらす効果は小さい．しかし，これらのシグナルは養育行動の惹起とそれを向ける対象の決定に必須となる．特に嗅覚シグナルは母個体を惹きつけるだけでなく，仔を自身の仔であると母個体に記憶させる機能があるが，ここにもオキシトシンが関与しているようである．妊娠や分娩時の刺激により放出されたオキシトシンは嗅球の神経細胞を興奮させ，神経活性の発火や興奮性シナプス後電位を増進する．このときに仔の嗅覚シグナルが嗅球に入力されることで，仔の匂いに選択的に反応する神経細胞が形成され，この"記憶"を頼りに自身の仔に特異的な養育行動を呈するようになることが示唆されている．仔が親を記憶するメカニズムはあまりわかっていないが，親個体同様のメカニズムが存在している可能性が指摘されている．

興味深いことに，愛着行動にもオキシトシンが機能することが示唆されている．たとえば，オキシトシンをラットの幼若個体に投与すると母個体から分離されたときに発声する超音波の発生回数が減少することが報告されており，母個体との接触によるオキシトシンの分泌上昇が仔に安寧効果をもたらしているようである．このようにオキシトシンは母個体の養育行動と仔の愛着行動の両方を制御することで，状況に応じた母仔の適切な行動発現を調整し，より強固な生物学的絆を形成する要として機能していると考えられる（図 3.2）．

オキシトシンのリガンドあるいは受容体の遺伝子欠損マウスでは個体識別能の欠損が認められる．このことから，オキシトシンの根本的な生理的役割の一つは社会的認知能力の制御であると考えられる．他個体マウスを刺激とした馴化-脱馴化のパラダイムを用いた結果，野生型マウスでは刺激に対する馴化（におい嗅

ぎ行動の減少）と脱馴化（におい嗅ぎ行動の上昇）がみられたのに対して，オキシトシンおよびオキシトシン受容体遺伝子欠損マウスは刺激に対するにおい嗅ぎ行動に変化はみられず，馴化が起こらなかった．このような個体識別能力は絆の形成にも必須であることが，偶蹄類の母仔関係の構築においてきわめて顕著に示されている．ヒツジでは，出産24時間以内の仔の匂いへの曝露が母親の仔への接近および特異的な認知を誘発する．そのメカニズムとして，出産に伴う産道刺激により視床下部で分泌された大量のオキシトシンが嗅球に作用し，仔ヒツジの匂い記憶の形成に関与することがわかっている．この出産24時間以内という感受期はきわめて厳密であり，この間に仔の匂い刺激への曝露を妨げると，母ヒツジは仔を拒絶するようになる．

また，個体識別能の低下はヒトの自閉症にみられる症状の一つであり，その遺伝要因の一つにオキシトシン受容体変異による可能性が示されている．たとえば，自閉症児の血中オキシトシン濃度は健常児よりも低い．また，一部の自閉症患者

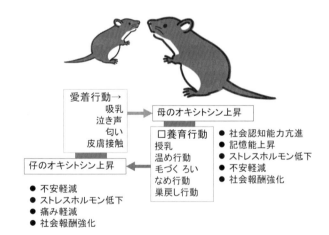

図 3.2 母仔間の社会シグナルのやりとりとオキシトシンを介した絆形成のポジティブループ

仔からの吸乳や泣き声などの愛着行動は母のオキシトシン濃度を上昇させる．母におけるオキシトシンの上昇は授乳や毛づくろいなどの養育行動を刺激する．母から養育行動を受けることで，仔のオキシトシン濃度が上昇する．仔のオキシトシン上昇は愛着行動を増加させる．このようにオキシトシンと親和行動を介したポジティブループが絆形成を導く．またオキシトシンにはそれぞれ他の情動行動や社会行動，内分泌を変化させる効果を持つ．

では，オキシトシン分泌にかかわる分子であるサイクリック ADP リボースをつくる膜タンパク質である CD38 の遺伝子に特徴的な変異があることも報告されている．CD38 遺伝子欠損マウスは社会記憶や養育行動が低下するが，そのマウスにオキシトシンを投与すると，それらが正常化することから，オキシトシン投与による自閉症の症状改善の期待が持たれている．

　オキシトシンは，社会認知と母性行動の発現の双方にとってきわめて重要であることが示されてきた．社会認知と絆形成におけるオキシトシンの役割を分離することは困難であるが，オキシトシンの作用によって，母子や雌雄間のパートナーが認識しあい，お互いを結びつけているというのは妥当な解釈であろう[5]．この古い神経ペプチドは，ヒトを含む多様な脊椎動物種に広く保存されている．それゆえ，個体レベルの行動の理解のみならず，進化や動物行動学の観点から絆の形成の生物学的意義を理解するうえで，オキシトシンはきわめて興味深く，重要な分子である．

e． 社会緩衝作用

　オキシトシンは哺乳類のさまざまな生理機能を調整するが，社会的絆によってその効果が高まる社会的緩衝作用にも関与している[8]．不快な情動刺激や心身へのストレスはストレス応答系である視床下部―下垂体―副腎（HPA）軸を活性化するが，同時に視床下部室傍核のオキシトシン神経も活性化する．末梢性または中枢性に分泌されたオキシトシンは以下のような三つのレベルによって HPA 軸の活性を抑制することが示唆されている．まず，視床下部室傍核のオキシトシン神経が軸索を投射している下垂体後葉から循環血中に放出された末梢性のオキシトシンは，副腎に作用してグルココルチコイドの分泌を抑制する．レグロス（Legros）らは，ヒト男性では副腎皮質刺激ホルモン（ACTH）の投与によるグルココルチコイド分泌がオキシトシン投与により抑制されることを示しており，血中に分泌されたオキシトシンは副腎におけるグルココルチコイド合成を抑制することが考えられる．二つ目として，循環血中のオキシトシン濃度が生理的に高い状態にある授乳中のラットでは，副腎皮質刺激ホルモン放出因子（CRF）投与による ACTH 分泌反応が通常よりも減少することから，末梢性のオキシトシンは下垂体に作用して CRH による ACTH 分泌反応も抑制することが考えられる．最後に，中枢性に分泌されたオキシトシンは，視床下部での CRF 活性を抑制す

る作用が示唆されている．たとえば，オキシトシンの脳室内投与は身体的ストレスに対する CRF の mRNA 反応を減少させる．この CRF mRNA の減少は脳内におけるオキシトシン濃度が生理的に高い状態にあると考えられる授乳中のメスラットでもみられる．さらにヒトでは，経鼻投与によってオキシトシンを中枢に直接作用させられることが示されているが，心理的ストレス負荷による情動およびグルココルチコイド分泌反応はオキシトシンの経鼻投与によって低下することが報告されている．

　社会緩衝作用には不安を軽減する作用がある．実はこの不安軽減もオキシトシンを解している可能性が高い．扁桃体はヒトを含めた動物の情動を制御する中枢で，不安や緊張，攻撃などの行動をつかさどる．扁桃体内部にもオキシトシン受容体が発現し，さまざまな行動反応を制御している．オキシトシンを脳室内に投与された動物では，不安行動が低下することが知られている．また授乳中のメスラットは，脳内のオキシトシン神経系が強く活性化しているが，同時に不安行動の軽減が認められる．扁桃体に存在するオキシトシン受容体を発現する神経細胞を刺激することで，不安行動が軽減され，また自律神経系における交感神経系の活性が抑制されることなどから，社会緩衝作用による不安軽減にもオキシトシンの関与が考えられる．ヒトを対象とした研究でも，母親から娘への社会的発声が娘のオキシトシンの放出を促進し，不安感情を低下させるとともにストレス反応を減少させることも示されている[13]．

　また社会緩衝作用の中に，痛みの軽減効果が知られている．痛みを受けている動物の傍らに親和的な個体がいると，痛みの閾値が上昇して痛み耐性となる．他者の存在による痛みの軽減にもオキシトシンが関与する．オキシトシンには鎮痛効果があることが知られているが，これはオキシトシンが後根神経節という痛みの情報を伝達する神経核に作用し，痛み伝達を弱めるためであることが明らかとなった．「手当」という日本語があるが，これは支援活動や給付という意味合いでも使用されている言葉である．由来の一つは医学的な治療を意味したものであった．つまり，手を当てることで治療効果があることを暗示したものかもしれない．手を当てるなどの親和的な身体接触は中枢でのオキシトシン神経系を活性化させることがわかっている．つまり，手を当てることでオキシトシンが分泌され，痛み伝達を低減させることが語源であるかもしれない．子どもが怪我をした際に「痛いの痛いの飛んでいけ」といって患部を触ってあげることはまさしく社

会緩衝作用であり，オキシトシンの効果である可能性が高い．

　以上のように，オキシトシンは個体認識能力に始まり，絆形成へのモチベーションを高めるための報酬系の増強，さらには絆を形成したことによる個体の安寧な生存のための社会的緩衝作用に至るまで，絆形成のさまざまな過程に関与しているホルモンであるといえよう．

f. ヒトの母子間とオキシトシン

　ヒトの母子関係におけるオキシトシンの役割に関する研究は，二つのタイプに分けられる．一つは，母親のオキシトシンレベルと，母性行動あるいは子に対する愛着の程度との関連であり，もう一つは幼少期の被養育経験が子のオキシトシンレベルに与える影響についてである．前者の一例では，妊娠期と出産後の最初の1カ月の母親の血漿中オキシトシン濃度を測定し，胎児に対する愛着尺度との関連性を調べたものがある．いずれの妊娠期も，オキシトシン濃度と愛着スコアとの間に有意な相関はみられなかったものの，妊娠期にオキシトシン濃度が増加した母親群では，気分線画評定尺度（MFASスコア）が高い傾向が認められた．また同じように母親の血漿中オキシトシン濃度を測定し，出産後1カ月の愛着表象と母性行動を解析したところ，妊娠早期および出産後のオキシトシン濃度が，愛着表象や，子への注視，情動的接触，頻繁な子への確認などの母性行動と有意に相関することが示されている．母親の唾液中および血漿中オキシトシン濃度は，子との情動的な同調行動との間に相関が認められる．母親の愛着行動パターンに着目した研究では，妊婦をインタビューによって安定的な愛着スタイルと不安定－回避的愛着スタイルに分類し，出産7カ月後に子との短時間の交流後の血漿中オキシトシン濃度を測定した．その結果，安定的愛着スタイルを持つ母親のほうが，子との交流後の血漿中オキシトシン濃度が有意に上昇した．子との交流後の母親と父親の両方の血漿中オキシトシン濃度を測定した実験では，母親の情動的養育行動および父親の促進的養育行動のどちらも，それぞれの血漿中オキシトシン濃度と相関した[14]．これらの結果は，母親，そしておそらく父親においても，その育児スタイルや愛着の程度とオキシトシン神経系の活性化がポジティブに関連することを示唆している．

　一方，幼少期の被養育経験が子のオキシトシンレベルに与える影響については，幼少期のネガティブな経験とオキシトシンレベルとの関連が提示されている．た

とえば早期にネグレクトの経験を持つ幼児の尿中オキシトシン濃度を測定した結果，ネグレクト経験を持つ子はすでに新しい家族の養子となっているにもかかわらず，実の両親によって育てられた子にくらべてオキシトシン濃度が低い傾向を示す．両親の離婚や離別などのトラウマ経験を持つ若年層を対象に行った実験では，オキシトシンとプラセボのいずれかを経鼻投与した後に唾液中のコルチゾールを測定した結果，対照群ではオキシトシン投与によってコルチゾール濃度が低下したが，離婚や離別を経験した群ではそのような低下は認められなかった．以上の結果は，養育の質が成長後までの長い期間にわたってオキシトシン神経系の機能に影響を及ぼしており，受けた養育の質が低かった子ほどオキシトシン神経系が活性化されにくくなっていることが示唆される．

g. 養育行動への社会的経験の影響

養育行動は先述のとおり遺伝的制御のみならず，母子環境など幼少期の生育環境に依存したエピジェネティックな制御を受けている．たとえば，早期離乳されたメスマウスは通常離乳されたものよりも成長後の養育行動が抑制される．これは幼少期に形成される母仔間の生物学的絆が早くに剥奪され，ミーニーらが報告したような毛づくろいを受けるなどの社会的経験が不足したことによるものと考えられる[12]．しかし，このような社会的経験は幼少期だけではなく，成長後にも作用し，養育行動の発現に大きな影響を及ぼす．通常，育仔経験がない成熟したメスラットは幼若個体に出会うと激しい攻撃行動を示す．しかし，5〜8日程度，繰り返し仔ラットに暴露させることで，徐々に仔ラットに接近するようになり，やがて巣作り，巣戻し，保温，毛づくろいといった養育行動を示すようになる．このような幼若個体の繰り返し暴露による養育行動の活性化は幼若個体感作と呼ばれるが，これにより通常の母個体と同レベルの養育行動を示すようになったメス個体はその後数週間，高レベルの養育行動を維持する．このように育仔経験が成熟個体の養育行動を促進することは哺乳類である程度共通に認められる現象である．

育仔経験と同様，交尾・妊娠・出産という一連の繁殖経験も養育行動の発現を亢進する．グラバー（Graber）らはバルーンを使って子宮を拡張することによりメスラットの養育行動が亢進することを見いだしている．我々も膣の拡張刺激や射精刺激を伴う交尾経験により雌雄マウスの養育行動が活性化することを確認

しているが，特にオスマウスにおいては射精経験が養育行動賦活化の鍵となる刺激であることが明らかとなった．しかし，交尾経験のみだけでは十分な養育行動が発現しないことから，母個体と同レベルの養育行動を賦活化するには育仔経験などさらなる社会的経験の獲得が必要であるようだ．

繁殖刺激や育仔といった社会経験による養育行動亢進の要因の一つとして，ここでも中枢神経系におけるオキシトシンの作用があげられる．興味深いことにげっ歯類や反芻動物を含むいくつかの哺乳類において，交尾時に生じる生殖器や頸部への刺激によりオキシトシンの分泌が増加する．また，先述のとおり幼若個体との接触シグナル，特に乳房への吸入シグナルはオキシトシンの分泌を促進する．このような内分泌的な知見を鑑みると，育仔経験や交尾経験がオキシトシンの分泌を促し，養育行動を制御する視床下部内側視索前野などの脳領域が活性化することで養育行動が賦活化されると考えられる．

1) 世代間伝播

上述のとおり，哺乳類の特性は，可塑性に富んだ状態で生まれ，さまざまな環境を学びながら生存確率を上昇させたといえる．その中でも，母子間の関係性は根幹の機能を有しており，その影響は生涯にわたるものが多い．ヒトの心理学研究では発達期の適切な社会環境が社会性の獲得に必要であると提唱されてきた．たとえば幼少期に母あるいは擁護者が安全基地として機能するような経験を受けた子どもは，成長後の共感性スコアが高くなる．またヒト以外の霊長類を用いた実験的研究でも，母個体に育てられた仔は同種と再会することで分離ストレスがすぐさま減少し，社会緩衝作用が顕著に発現するが，人工保育された個体ではストレスの減少が生じにくくなることが報告されている．これは養育行動を介した母仔間の社会的接触経験が不十分であることに起因すると考えられる．養育行動により仔の表現型が遺伝レベルから可塑的に変化することは驚きであるが，さらに特筆すべきはこれら親個体の養育行動が成長後の仔の養育行動にも影響を及ぼす点である．母個体から毛づくろいをあまり受けずに育ったメスの仔が成長し，その個体自身が母個体になった場合，同じく毛づくろいをあまり呈しないことが明らかとなっている．また，このメスの仔における毛づくろいの量的差異は毛づくろいをよくする親とあまりしない親との間で里子実験を施すことで逆転することから，遺伝ではなく新生仔期に受けた毛づくろいの量に依存して形成される，"non-genomic transmission（遺伝子に依存しない行動形質の伝播）"であること

が確認されている[15].

これら一連の研究は，母性行動を介して，親の行動特性が仔の行動特性として伝承することを示唆している．その一つは不安やストレス応答などの情動行動にかかわるものである．このように親の獲得した情報が次世代に母性行動を介して伝承されることは，情報の共有が世代を超えて行われていることも意味する．これは哺乳類が獲得してきた可塑性を，個体に限らず次世代に伝え，さらなる適応度を上昇させるという戦略の一つだといえよう．

2) 育て，育てられる関係性

げっ歯類などの動物実験から，母子間の絆形成において触覚刺激はきわめて重要だと考えられる．また，母子双方からお互いに発する音声やにおい，視覚的刺激といった社会的合図の重要性も示唆される．

交尾や育子などの社会経験はオキシトシン神経系を活性化させ養育行動を促進する．このときに獲得する育仔経験は母個体のオキシトシン神経系をさらに活性化させることで，養育行動の発現を促す．このことから，母個体のオキシトシン

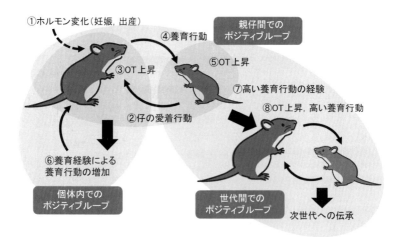

図3.3 養育行動とオキシトシンのポジティブループ
①妊娠出産に伴うホルモン変化，特にオキシトシンの上昇，②出産後の仔からの愛着行動の発現，③仔からの愛着行動による母のオキシトシン上昇，④高いオキシトシンによる養育行動の強化，⑤仔のオキシトシン上昇，という親仔間でのポジティブループが存在する．一方，⑥養育経験による養育行動の増加，という個体内におけるポジティブループが知られている．さらに，⑦高い養育経験を幼少期に受けたメス動物は，⑧成長後の自身の出産に伴う高いオキシトシン値と養育行動が発現し，この連鎖は世代間に伝承していく．

神経系の活性と養育行動は正のフィードバックの関係にあるといえる．また，養育行動を受けることで仔のオキシトシン神経系も刺激され，接触行動などの愛着行動の発現が強化される．愛着行動は乳房吸入などの接触刺激を介して母個体のオキシトシン神経系を活性化し，養育行動をさらに賦活化する[5]．つまり，母から仔への養育行動と仔から母への愛着行動も正のフィードバックとして機能し，母仔間の生物学的絆の形成をより強固なものとする．生物学的絆の形成が阻害されると仔の不安行動が上昇することなどから，これらオキシトシン神経系を基点とした社会経験と養育行動，養育行動と愛着行動という二つの正のフィードバックが仔の発達にいかに重要であるかわかる．さらに，母仔関係の正のフィードバックはこれら二つにとどまらない．量的に多い養育行動を受けると，仔が成長後に多くの養育行動を示すようになることから，世代をも超えた正のフィードバックが存在しているといえるだろう．これらを踏まえると個体，母仔間，そして世代間における三つの正のフィードバックが存在し，それぞれが別個に機能するのではなく，互いに密接に結びつくことで巨大な円環を構築していることが概観できる[5]（図3.3）．

3.2 遊び行動と情動

　発達期にある哺乳類では同腹仔間で，活発な遊び行動が観察される．遊び行動とは，哺乳類や鳥類などにおいて，社会化期と呼ばれる性成熟前後の行動で，目的が不明瞭で複雑な行動の組合せのことをいう．同種の他個体や他の動物，あるいは物を対象として攻撃行動や性行動，狩りの行動に類似した行動要素が，断片的にそして一連の行動のうち一部が脈絡なく発現するのが特徴である．中でも同種間で認められる闘争に類似した遊び行動は，遊び攻撃行動と呼ばれる．遊び行動は特定の目的を伴わないため短期的には個体にとって利益を生じないが，身体的能力を獲得し，同種他個体とのコミュニケーションの方法を学ぶなど，種に特有の社会行動様式を獲得するうえで重要な役割を担う．ラットの研究では，幼若期に遊び行動を制限されて育ったラットは成長後の攻撃行動，性行動の発現が低下することが示されている．一般的には性成熟を迎えることで，遊び行動は消失に向かうが，一部ヒトやイヌ，ネコ，イルカ，チンパンジーなど生涯にわたって遊び行動を観察できる種もある．これらの種では，幼形成熟（ネオテニー）が獲得された結果であろうと考えられている．

遊び行動における情動の変化はラットを中心に調べられてきた．遊びが快情動を伴うことはヒトの研究ではよく知られているが，動物で遊びに伴う情動を評価することは困難である．そもそも情動の変化が行動あるいは自律神経系の変化として表出されたものでしかみることができない．動物実験で快情動あるいは不快を行動学的に調べる手法に条件づけ場所嗜好性テストというのがある．このテストでは報酬などの快情動を伴った刺激を受けた場所に動物がより長く滞在する，というパラダイムを用いる．逆に不快の場合はその部屋の滞在時間が短くなる．ワシントン州立大学のパンクセップ（Panksepp）らはラットを用いてこの条件づけ場所嗜好性テストを行った．するとラットは仲間と遊んだ場所での滞在時間が長くなることが明らかとなった[1]．このことから，ラットの遊び行動はヒトと同じように快情動が伴っているといえよう．さらに遊びの最中のラットでは脳内の報酬系をつかさどるオピオイド神経回路が活性化することが明らかとなった．オピオイド神経回路は脳内の重要な報酬回路で（第1章参照），動物やヒトに満足感や幸福感を提供するものである．遊び行動によってオピオイド神経回路が活性化することは，すなわち快情動を伴い，遊びが報酬効果を持つことが神経化学的にも確かめられたといえる[1]．

遊び行動を示すラットでは特異的な音声が認められる．この音声は約50 kHzで，ヒトの可聴域をはるかに超えた超音波である．rough and tumble playと呼ばれる遊び行動の最中にお互いがチュッチュと鳴きあっている．パンクセップらはこのrough and tumble playをヒトの手で模倣して，若いラットの身体に転がしたり，つついたりしてみた．特にひっくり返して，腹部を刺激すると，同種のラットに対して示すような超音波が観察された[16]．そして次第にこの超音波の発声頻度は上昇してきた．さらにこの超音波を発してヒトの手と遊びを経験したラットはヒトの手を追いかけてくるようになる．追いかけてくるときに自然に超音波の発声も伴っていた．つまりここにも報酬効果が認められ，遊びを介してヒトの手に対して快の条件づけが生じたことになる．この超音波はおそらく快情動に付随してみとめられる興奮性の発声であろうと思われ，発達期ラットにおける快情動の指標ともなると考えられている．たとえば報酬効果のあるアンフェタミンを報酬回路である側坐核に投与すると，この超音波発声が上昇することもわかってきた（図3.4）．一部ではヒトの笑いに相当するものであろうと提唱されているが[16]，こちらはまだ議論が残っている．いずれにせよ，ラットにおいては遊び行

3.2 遊び行動と情動

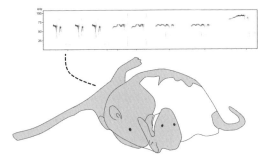

エンドルフィン上昇
● 報酬効果
● 快楽
● 愛着

図 3.4　ラットの遊び行動
性成熟前のラットでは rough and tumble play と呼ばれる遊び行動が観察される．この行動中には 50 kHz 程度の超音波領域の音声が認められ，また脳内ではエンドルフィンの分泌が上昇する．エンドルフィンには報酬効果，快楽，愛着形成の役割があり，遊びを介してラットの個体間でこれらのエンドルフィンの作用を受けると考えられる．

動は快情動を伴っており，それは人間における仲間と一緒にいることの楽しさの神経回路を明らかにする格好のモデルといえるかもしれない．

　遊び行動の発現には性差が存在する．多くの場合，オス動物のほうが激しい遊びを好む．これは人間でも報告されていて，男児のほうが遊びの運動活性が高い．動物でもラットを始め，ネコ，イヌでも同じようにオスで高い遊び行動が観察される．この性差は周産期のテストステロンによって規定されている．たとえばオスラットでも生後まもなくに去勢されてしまうと，遊び行動がメスの程度まで低下してくる．逆にメスラットにテストステロンを投与するとオスと同等の遊び行動が発現するようになる．このテストステロンによる遊び行動の性差は中枢ドパミン神経系によるものかもしれない．ドパミン神経系の発達にはアンドロゲン受容体が関与しており，テストステロンによって刺激を受けたアンドロゲン受容体がドパミン神経系を亢進させる．遊び行動の発現にはドパミン神経系の活性化が必要で，ドパミン神経系を障害することで遊び行動が低下する．オスの場合，テストステロンによってドパミン神経系がより発達し，幼若期における遊び行動が

増えるのであろう．オスにおける遊び行動の多さは成長後の社会行動の発現と関与しているかもしれない．オスでは成長後にオス同士の縄張りを守るための攻撃行動や社会的順位を決めるための攻撃，さらには性行動の発現というように，メスに比べて同種他個体に対する社会行動が多く発現する．遊び行動が社会行動の発達に重要な要素であるとすれば，オスで多い理由も理解可能である．実際，メスでも社会行動，特に攻撃行動が多く発現するハイエナでは幼若期のメスで高い遊び行動が観察されるし，ハイエナのメスでは高いテストステロン値が認められ，オスのペニスに似たクリトリスを持つようになる．このことからも，遊び行動が成長後の社会行動の形成に役立つための要素であるといえるだろう．

3.3 性行動と情動

ヒトにおいて，異性との出会いではさまざまな社会的な情動が喚起される．異性との遭遇は，特に初めての場合，これまでにないほどの緊張を伴い，次第にLUSTと呼ばれるような強い性欲を感じる．執拗に相手を追い，ときにはストーカーのような行為にまで至る場合もある．さらには惹かれた相手を失うことの抑うつ状態も誘起されることから，異性との関係性は大きな情動変化がかかわっていることがわかる．動物においても，適切な相手を認知し，性に関する覚醒と情動が喚起される．この情動とともに一連の性行動が誘起され，最終的に交尾刺激の快情動という報酬効果がもたらされる．これらの性行動に関する情動の制御は，中枢で行われており，進化の過程で保存された機構であると考えられる．

動物における性行動とは求愛や交尾のように，配偶に関連して雌雄を中心とする個体間で交わされる行動を総称する．個体間で交わされる行動という点では，社会行動の一つと見なすこともできる．霊長類であるボノボでは同性間でも性行動が頻繁に観察されるが，これは個体間の友好的な社会関係を維持するために機能しているとされており，性行動と性的意味合いをもたない社会階級に関連した行動との区別が困難な事例も存在する．

異性と遭遇した際に示すオスの性行動は，ディスプレイ行動や求愛歌発声などに始まり，メスが受容を示すことで次にマウント行動，スラスト運動，イントロミッション，射精へと続く．オスの性行動の発現には性成熟による精巣からのアンドロゲン分泌が必要である．アンドロゲンは脳内でアンドロゲン受容体に作用，あるいはアロマターゼによりエストロゲンに変換され，エストロゲン受容体に作

3.3 性行動と情動

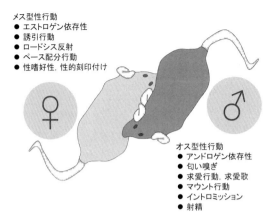

図 3.5 マウスのオスとメスのコミュニケーション
メス型行動はエストロゲン依存性であり,誘引行動やロードシス反射が観察される.その他,ペース配分行動や性嗜好性などがメス型の性行動として分類される.オスの性行動はアンドロゲン依存性であり,匂い嗅ぎに始まり,求愛歌を歌ってメスに接近する.メスが受容すれば,マウントからイントロミッション,最後は射精にまで至る.

用することで,雄性行動を発現する.これらの行動開始にはメスからの性シグナルの受容が鍵刺激となる.

このことから動物の性行動の発現は,まず異性からの誘因性シグナルを受容し,接近や性行動を誘起するための動機づけが駆動されることにある.性的動機づけは,アンドロゲン,テストステロン,エストロゲンといった性ホルモンの存在下で嗅覚,視覚,聴覚からの感覚情報が適切に処理された結果に生じるものである(図 3.5).

a. 個体の状態を伝える匂い

哺乳類の行動を観察してみると,異性を含めた個体間のやりとりの多くが嗅覚系に依存していることがよくわかる.ヤギやヒツジなどの季節繁殖動物では,オスの匂いによってメス発情周期が同調することが知られており,オス効果として古くから知られてきた.またヒトも含めた母子間での匂いが絆の形成に役立つなど,非常に豊富な匂いの世界に生きていることがわかる.そもそも,フェロモンなる主に鋤鼻器を使った匂いのやりとりは,大脳皮質で処理されることなく,情

動をつかさどる辺縁系,さらには生命中枢である視床下部へと運ばれる.すなわち,ヒツジのオス効果フェロモンによるメスの発情同期化などは,メスヤギが感覚認知することなく,おそらく情動反応や生理機能が自然に動かされる匂いなのであろう.このような発情周期の同期化についてはヒトでも存在することが知られており,シカゴ大学のマクリントック(McClintock)博士らの研究によって,ヒトにおける生理周期の同期化(寄宿舎効果)が報告されている[17].スウェーデンのサービック(Savic)博士らの研究によると,ヒトでも異性を感ずるフェロモン候補物質があり,いわゆるホモセクシュアルの人たちは男性の匂いでも女性の匂いでも,性情動を制御するといわれる視床下部での脳の活性の上昇が認められている[18].

　上述のとおり,動物個体間の情報伝達には嗅覚系が多く使われ,強力な中枢作用を備えている.哺乳類の行動や情動を制御するフェロモンが単離同定され応用が可能となれば,脳機能研究のための有力なツールになるだけでなく,家畜や稀少野生動物の繁殖促進など応用面でも大いに役立つことが期待される.たとえば動物産業の分野では,オスブタのリリーサーフェロモンであるアンドロステノンがメスブタの人工授精を促進する目的で商品化されていたが,最近フランスの研究グループによってネコの頬の匂い腺から分離された鎮静フェロモン(appeasing pheromone)は,ネコの緊張やストレスを緩解させるなどの情動を安定化させる効果を持ち,ペット飼育の盛んな先進各国で商業的に成功を収めている.さらには競走馬の輸送時などのストレスを緩和するフェロモンなども開発されており,一方では有害野生動物の不快な刺激となる忌避フェロモンなどの応用も検討され始めている.

　オスのフェロモンがメスに作用する現象についてはマウスで最もよく研究されており,性成熟が促進されるヴァンデンバーグ(Vandenbergh)効果や,交尾相手以外のオスのフェロモンによって妊娠成立が阻止されるブルース効果などはよく知られている.オスの縄張りを巡る闘争行動から,交尾行動や母性行動に至るさまざまな社会行動の発現には,フェロモンによる生殖内分泌機能の修飾が重要な役割を果たしていると思われる.世界で初めて哺乳類フェロモンとして同定された aphrodisin はハムスターのメスの膣から分泌され,オスを誘引するフェロモンであった.野生下のゴールデンハムスターはこのメスのフェロモンを嗅ぎ分けて,数 km にも及ぶ大追跡を行うそうである.まさにメスの刺激に喚起され

た性情動のゆえ，といえるだろう．オスのフェロモンを嗅ぐことによるオス効果の発現でも，排卵に先立って雌性ホルモンであるエストロゲンが卵巣から分泌されるため，このフェロモン刺激は排卵だけでなく，オスを受け入れ，不安を軽減するエストロゲン効果をも持っていることになる．

このように，動物，特に哺乳類の世界でも匂いは非常に重要な情報伝達手段であり，攻撃行動，性行動，母子関係，親和関係，交配相手の選択，雌雄のペア形成など，主要な生命活動が匂いを介してなされている．

b. オス型性行動と情動

オス動物は適切なメスを見つけ，接近し，求愛ディスプレイをもってアピールする．メスが受け入れてくれることでオスはメスにマウントし，射精して一連の性行動を終える．この一連の流れを求愛行動の連鎖とも呼ぶ．求愛ディスプレイは種によって非常に多様性に富んでおり，おそらくその行動の変化は生殖隔離の一端を担っていると考えられている．メスの個体に向けて羽を広げて前後左右に飛び跳ねる，遊泳中に体の向きを突然変えることを繰り返す，あるいは配偶相手と並んで泳ぐ，などの行動が多い．タンチョウの求愛ダンスではオスとメスが向き合って羽を広げてくちばしを空に向け，互いに社交ダンスのようなステップを踏んだり，ぴょんぴょん跳ねたりしながら鳴き交わしを行う．同じ鳥類でもウロコフウチョウの求愛ダンスは，オスがメスに対して羽を大きく広げて，両脚をそろえて前後左右にステップする．このようなオスの求愛行動がメスの性行動を引き起こし，さらにそれによってオスが次の求愛行動に移る．季節繁殖期にある動物の多くは，食餌をとることも忘れ，懸命に生殖行動にすべてのエネルギーを傾ける．それはヒトにおける LUST と呼ばれる強い性欲による情動の支配と似た状況といえるかもしれない．

性行動における匂いの役割は，研究室内でげっ歯類の交尾行動を観察することによって容易に体感することができる．たとえば，性的に成熟したオスラットと発情したメスラットを同居させると，オスの交尾経験の有無による多少の違いはあるが，基本的には次のような行動連鎖をみることができる．① genital sniffing：オスがメスのそばに寄っていき，外部生殖器の付近の匂いを嗅ぎはじめる．② hopping, darting and ear-wiggling：このオスの匂い嗅ぎ行動にメスが反応してぴょんぴょん跳ね回る行動や急速突進する行動，高速で耳を震わせる行

動などを示す．③ following：このメスの行動にさらに刺激を受けたオスは興味たっぷりにメスを追尾する．④ mount and lordosis reflex：オスがメスの背面からマウント行動を示し，それに対してメスが背部をそらせる姿勢をとり，オスに対する受容姿勢を示す．⑤ intromission, pelvic thrust and ejaculation：最終的には，ペニスを挿入，腰部を前後に振動させて，射精へと至る．ラットでは射精のあと，22 kHz の音声を発するようになる．これは不応期と呼ばれる期間に相当する．不応期にはたとえ別のメスが入ってきても性的動機づけが反応しない．

　ラットにおけるオス型性行動の発現はアンドロゲン依存性である．このアンドロゲンの作用は発達の過程で二つのポイントで必要不可欠であることがわかっている．一つは周産期における発達初期のアンドロゲン作用（アンドロゲンシャワー，アンドロゲンによる組織化作用）で，もう一つは性成熟後のアンドロゲン作用（活性化作用）である（図 3.6）．胎生期から出産後まもなくの間に精巣か

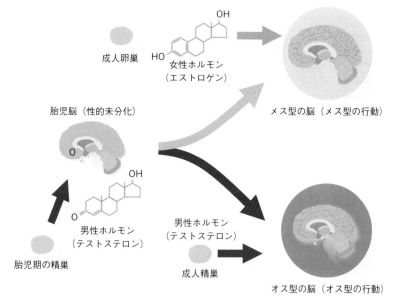

図 3.6　哺乳類の脳の性分化
基本形としてはメス型の脳が形成され，周産期に男性ホルモンであるテストステロンの暴露を受けることで，オス型の脳へと分化する．オス型の脳が成長後に再びテストステロンに暴露されると，オス型の性行動が発現する．一方，周産期にテストステロンに暴露されなかったメス型の脳では性成熟後にエストロゲンに暴露されるとメス型の性行動が発現する．

ら分泌されたアンドロゲンは，脳の神経細胞内に入ると，アロマターゼにより芳香化を受け，エストロゲンとなる．そして，このエストロゲンが，脳の辺縁系や視床下部に作用し，オス型の神経回路を形成する．メスでも母由来あるいは卵巣由来のエストロゲンが存在するが，アルファフェト結合タンパク質が血中のエストロゲンと結合し，ゆえに中枢へ移行，作用することはない．このことから，ラットの脳の性の基本形はメス型であり，そこにアンドロゲン作用が加わることでオス型へと派生することが明らかとなった[19]．サルなどの霊長類では，アンドロゲンがエストロゲンに変換されることなく，直接的に脳の性分化に働くことが示されている．ヒトはサルと同じ霊長類なので同じようにアンドロゲン受容体を介して男性の脳が形成されると予想されている[19]．脳の性分化に男性ホルモンがどのように働くのか，種によって違いがあるが，基本的にアンドロゲンが脳のオス化（男性化）に働くことは同じといえる．このように周産期に形作られたオス型の脳に，成熟後のアンドロゲンが再度作用することで，オス型の行動が発現する．簡単にまとめるとオス型の行動はアンドロゲン依存性である．オスのラットの精巣を手術により除去してしまうと，オスは性行動を示さなくなる．しかし，この去勢オスにアンドロゲンを投与することで，再びオスの性行動が観察される．一方，メスにいくらアンドロゲンを投与しても，オスの性行動は示さないことから，胎生期におけるオス型脳の形成が必要であることがわかる．ただし，成熟後のアンドロゲンはある程度の量が分泌されていれば，量の多少はあまり関係がないことも知られている．これはアンドロゲンの量よりも，アンドロゲン受容体を含んだ感受性の違いの影響が大きいことがわかっている．この感受性は遺伝的背景，あるいはこれまでの性経験にも依存する．たとえば，ヒトやイヌ，アカゲザルなどでは，去勢して男性ホルモンが分泌できないようにしても，数年にわたり性行動がみられる場合が報告されている．ヨーロッパなどでは性犯罪者に対して去勢の刑を課してきた歴史があるものの，去勢後10年たっても勃起して性行為に及んでいた男性も報告され，成長後の精巣から分泌されるアンドロゲンの量で性行動発現が規定されるわけではないことが明らかとなっている．

　嗅覚系とオスの性行動の関連性を示す実験は，1970年代初頭より主にゴールデンハムスターで行われてきた．最も古典的な実験例は，鼻腔内に硫酸亜鉛を注入して嗅上皮および鋤鼻上皮（鋤鼻器）を破壊するというものである．このような処理を受けたオスのゴールデンハムスターは，交尾行動の発現が抑制され，さ

らに硫酸亜鉛注入と嗅神経および鋤鼻神経の切断を組み合わせて嗅覚情報の入力を遮断すると，ハムスターの交尾行動が完全に抑制されると報告された．一方，ラットのオスにハムスターと同様の硫酸亜鉛投与や嗅球の両側除去の処置を施した実験では，交尾行動が著しく障害されるという報告や，中程度の交尾行動の低下が認められるという報告，ほとんど影響がないという報告まで存在している．交尾行動の発現における匂いコミュニケーションの依存度に動物種差がみられることは留意すべきである．マウスでは，鋤鼻器の切除はオスの性行動は障害されないが，嗅粘膜の障害は完全に性行動を消失させる．ストワーズ（Stowers）らは鋤鼻神経細胞のイオンチャネル遺伝子である TRPC2（transient receptor potential 2）を欠損することで，オスからオスへの攻撃行動が消失し，逆にオスに対して性行動を示すことを明らかにした[20]．このことから，正常なオス型の性行動には鋤鼻神経系の関与が示唆されている．

c. メス型性行動と情動

メスはオスからの求愛に答えて，メス特有の性行動を示す．特にロードシスと呼ばれるオス受容姿勢は代表的な雌性行動である．その他，オスに対する誘因行動（誘因行動）を示す動物も存在する．ラットではメスがオスの目の前を走り回る行動（darting），陰部をわざとオスの目の前に見せる行動（presenting），ケージ内を飛び跳ねるように歩きまわる行動（hopping），耳を震わせる行動（ear wiggling）などがあげられる．イヌやネコ，ウマ，ウシではロードシスに先行して尾を左右に曲げてマウントを受け入れやすくする尾曲げ（tail flip）行動も含まれる．雌性行動は，おもに成熟した卵胞から分泌されるエストロゲンに制御されることから，発情周期に伴って変化する．排卵前後の発情期には，運動活性，自発活動が上昇し，また睡眠時間が減少する．ほとんどの哺乳類の発情が排卵と同期して観察されるものの，ヒトとボノボでは排卵とは関係なくメス（女性）がオス（男性）を受け入れるようになる．ヒトは約28日の排卵周期を持っている．排卵後に黄体が形成され，エストロゲンとプロゲステロンの分泌が持続することを除いて，性ホルモンの分泌パターンは他の哺乳類と同じである．つまりヒトの女性では，ホルモンに依存しない男性の受容があるといえる．このような受精を伴わない交尾は，オスとメスの社会的関係性の構築や維持のための社会機能を有しているといわれている．

先に記したようにメス型の行動をとるためのホルモンの作用はオスと異なる．つまり，胎生期から周産期にかけてアンドロゲンの作用がなければメス型の脳が形成される．このメス型の脳に成熟後のエストロゲンが作用することでメス型の性行動が発現する[19]．エストロゲンだけの作用であるとオスを受け入れるロードシスの発現は弱く，エストロゲン作用の後，プロゲステロンの作用が重なることで，強いロードシスが観察されるようになる．その他のペプチドホルモンもメスのロードシスの発現を調節する．性腺刺激ホルモン放出ホルモン（GnRH）を視床下部腹内側核に投与するとエストロゲン処置されたラットのロードシス行動は増加する．逆に GnRH のアンタゴニストの投与によって抑制を受ける．またオキシトシンも視索前野や腹内側核に作用し，メスのロードシスを亢進させる．エストロゲンがオキシトシン受容体の発現を上昇させることから，エストロゲンの作用はオキシトシンを介しているとされることもあるが，いまだ明らかではない．

ラットの性行動テストにおいて，オスの行動範囲を制限し，メスのみが自由に移動できるような環境下におくと，メスラットはオスに近づき，離れる，を繰り返し，交尾の頻度や間隔を上手にコントロールしていることが見て取れる．たとえばメスラットはマウントや挿入などのオスからの刺激を受けたあとでは，オスの行動範囲から抜け出し，しばらくの不応期に入る．不応期を経た後，メスは再びオスに近づき，誘引行動をとる．この行動はオスからの交尾刺激をコントロールするメスの適応的行動であり，ペース配分行動と呼ばれる．メスがペース配分行動をとれる環境下で実験すると，メスがマウントや射精のタイミングをコントロールできるため，通常の性行動試験に比べて，マウントや挿入の間隔が長くなり，射精に至るまでの挿入回数も増えてくる．このような挿入回数の増加はメスの妊娠率を上げるためと考えられており，交尾によって受けた刺激の回数は妊娠維持に必要なプロゲステロンの分泌を促進する．実際に挿入回数が多い場合は，オスが射精に至らなくても，メスは偽妊娠することも可能である．

メスの性行動も嗅覚系の制御を受ける．アンドロステノンはオスブタの顎下腺から，発情期の雌がロードシス姿勢をとるように誘引する効果を指標に見つけられた．このフェロモンは合成され，スプレー製剤として市販されており，ブタの人工授精の際に利用されて繁殖率の向上に役立っている．2010 年，はがらは，オスマウスの涙腺から分泌させるペプチドフェロモン ESP1 がメスのロードシス反射を特異的に上昇させることを見いだした[21]．このフェロモンは鋤鼻器の

V2Rp5受容体に結合し，扁桃体を経由して最終的にロードシス反射の制御中枢である視床下部腹内側核に情報を送る．リガンドから受容体，神経活性経路，さらには性行動の一連のカスケードが明らかにされた哺乳類で最初のフェロモンである．

d. 特定の個体に対する性嗜好性

　恋愛をする際，だれでもがその対象になることはない．特定の対象に向けて，性的な欲求が高まり，また，共にいたいと思う気持ちが高まる．交配パートナーとして特定他個体を選択する行動は多くの動物で観察される，基本的なメカニズムである．その背景にはより優秀な相手を選び，優秀な子孫を残すという繁殖戦略がうかがえる．たとえば動物の世界ではより強くたくましく，オスらしいオスが好まれる傾向が強い．またオスも妊娠しやすいメスをより好むことが知られている．このようなオスらしさ，メスらしさ，という指標以外にも交配嗜好性に使われる情報がある．それは個体の近縁度である．進化の過程で，近親交配を避けるメカニズムが獲得されてきた．近親交配は遺伝病の発生率を上昇させ，最終的には適応度を低下させてしまう．ここではマウスを中心に個体認知とそれを用いた交配嗜好性を紹介する．

　マウスにおける個体認知にはMHCが重要であるといわれてきた．我々ヒトではHLAと呼ばれ，臓器移植の適合マーカーでもある遺伝子群に由来する匂いが，動物間の匂いコミュニケーションに使われているという．山崎の著書には，「コンジェニック系統のマウスを作るために，一つのケージの中で二系統のコンジェニックマウスを一緒に飼っていたところ，ある系統のマウスは自分と同じ遺伝子の仲間よりも，異なる系統のマウスと頻繁に一緒になり，巣づくりをしていることが観察された」ことが，MHCと交配嗜好性に関する研究の始まりである．その後の実験から，MHCの遺伝子型が異なると，匂い弁別が可能であること，交配相手として自分のMHC遺伝子型と異なる相手を選ぶこと，この交配嗜好性は幼少期の匂い曝露によって記銘される記憶に依存すること，が示された[22]．現在までに，尿の中に存在する揮発性の酸がMHCの匂い情報のメッセンジャーとして考えられており，フェニル酪酸などのカルボキシル酸がその最有力候補としてあげられているが，確定的な結果には至っていない．ポッツ（Potts）らによって，半野生下のマウスでも理論値よりも有意に高い確率で自分の遺伝子型と異なる相

手とペアになることが観測された[23]ことから自然下でも MHC の情報が使われていると考えられている．デュラック（Dulac）らの研究によると，マウス鋤鼻器のフェロモン受容体ニューロンに MHC と関連した遺伝子およびタンパク質の存在が認められ，これがフェロモン受容の細胞内伝達系に関与することが最近明らかとなった．山崎らによって 20 年来行われている MHC 研究と，デュラックらによる鋤鼻器における MHC の研究が，今後どのように結びつくのか非常に興味のあるところである．

　ヒトにおける HLA と婚姻パートナーの研究も進められた．ウェードキンド（Wedekind）博士らは男性 4 人，女性 2 人に週末の 2 日間同じ T シャツを着続けてもらい，この匂いつき T シャツを実験刺激に用い，T シャツの匂いを 0～10 点の 11 段階で評定を行った．その結果，男女ともに HLA 遺伝子の類似性と好感度の間に負の相関が認められた．すなわち，HLA 遺伝子が異なるほど，性的な魅力を感じることが示された[24]．またマクリントック博士らは同様の実験をさらに網羅的に行い，被検者女性が最も心地よい匂い（pleasantness）と答えた匂いの持ち主は，被検者の父親の対立遺伝子と 1.39±0.15 個一致していたのに対し，心地よさを感じなかった匂いは 0.55±0.10 しか一致しないことが明らかとなった．これらのことから，ヒトにおいても HLA の遺伝的距離が離れると性的魅力，近くなると心地よさの印象が高くなると思われる．MHC と交配嗜好性はその他，サケやトゲウオ，砂トカゲなどで観察されていることから，生物界に広く認められる現象といえる．

　近縁度を図るメカニズムは匂いだけではない．実は音声による交配嗜好性が明らかになった．マウスではオスがメスに遭遇すると特有の超音波領域の音をだす．2005 年にホリー（Holy）らは，マウスでもヒトには聞こえない高い超音波領域の声を使って，オスマウスがメスマウスに歌を歌うことを明らかにした[25]．それを契機に，マウスの歌に関して，どれほど多様性があるのか，その多様性が遺伝子によるものか，それとも幼少期の音声学習によるものなのか，の議論が世界中に広がっていった．菊水らは 2 系統のマウス（C57BL6 と BALB）の歌構造を調べたところ，歌のシラブルと呼ばれる音節の出現のパターン，さらにその出現の頻度も大きく異なっていた[26]．これら 2 系統のマウスに出生後間もなく里子操作を施し，発達期における音声環境を逆転させてみた．このことで，環境から学習する音声であるとすれば，ヒトの言語のように育ての親の歌に似た声で歌うこと

になることになる．しかし，里子操作によっても，これら2系統の歌の特徴は維持され，それぞれが遺伝的な親の歌と同じ歌を歌うこと，つまり複雑な歌が遺伝的に制御されていることが明らかとなった．ではその歌の多様性はいかほどのものであろうか．国立遺伝学研究所の小出らは，世界各地から捕獲された野生マウスでその歌の構造を調べてみた．韓国からは KJR, 日本からは MSM と JF-1, フランスからは BFM/2 など全部で九つのマウスの系統を調べてみたところ，各マウスの系統間においてシラブルの出現頻度が大きく異なっていた．このシラブルの出現頻度が遺伝的に制御されている可能性はすでに記載したが，遺伝的距離と同じような類似性，つまり遺伝的に近いマウスの系統間では似通ったシラブルになり，遺伝的に遠い系統間では異なったシラブルになるだろうとの予想のもと，調べてみた．驚くべきことに，遺伝的距離と歌の構造には一貫性がなく，歌の構造自体は遺伝的支配を受けているにもかかわらず，歌の進化の過程には強い淘汰圧がかかっていないことが明らかとなった．淘汰圧が少ない状態での進化として遺伝的浮動が知られているが，おそらくマウスの歌構造に関しては，この遺伝的浮動がかかわっているのであろうと考えられた．

　では遺伝的にある程度規定されているこの歌の意味，つまり歌はちゃんとメスマウスを魅了する能力を持ちうるか，が調べられた．C57BL6 のメスマウスに C57BL6 マウスのオスの歌と BALB のオスの歌を再生して，いずれに対して探索接近が増えるかをみたところ，C57BL6 のメスは BALB の歌により興味を示した．興味深いことに BALB のメスに二つの歌を提示すると今度は C57BL6 の歌に興味を示し，メスマウスは自身の系統と遺伝的に異なる系統のオスの歌に惹かれることがわかった（図 3.7）．さらにメスマウスが出産した後，すぐに里子操作をして発達過程における音声環境を変えてみた．もしメスマウスの歌への嗜好性が幼少期の刷り込みによるものであれば，嗜好性は逆転するはずである．その結果，BALB に育てられた C57BL6 マウスはなんと C57BL6 マウスの歌を好み，逆に C57BL6 に育てられた BALB は BALB の歌に嗜好性を示した．里子操作をすることで，歌に関する嗜好性が逆転したことから，この嗜好性は幼少期に性的刻印付けを受けて，メスの中枢に刷り込まれるものであることが明らかとなった．上述の MHC に関しても幼少期に刻印付けを受けることがわかっていることからも，マウスのメスでは将来の交配パートナーのタイプが刷り込まれていることになる．

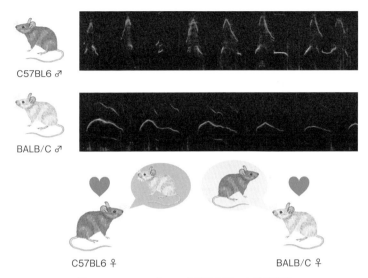

図 3.7 マウスのオスの求愛歌を用いた性嗜好性
C57BL6 と BALB/C のオスマウスは異なった歌をうたう．メスマウスはこの歌を手がかりに，交尾パートナーを選択する．C57BL6 のメスマウスは BALB/C の歌を，一方 BALB/C のメスは C57BL6 の歌をより好むことから，自分と異なった系統の歌に対して嗜好性を持つことがわかった．

e. オスとメスの絆形成

オスとメスの繁殖の形態は種によってさまざまである．大きく分けると単婚制（一夫一妻制）と複婚制とに分けられ，複婚制はさらに一夫多妻制，一妻多夫制，多夫多妻制，乱婚制のいずれかになる．また，繁殖期にのみ雌雄が遭遇し，仔育ては雌雄共同では行わない動物種もあれば，恒常的にあるいは繁殖期の間のみ同じテリトリーを共有して仔育てを雌雄共同で行う動物種もある．複婚制の一夫多妻や一妻多夫の場合には"多数"側に当たる性が仔育てをもっぱら行い，一個体のほうが縄張りを守ることが多い．たとえば，一夫多妻制の場合には，オスがこのようにテリトリーを防衛して餌資源を確保し，メスが仔育てを担当する．一方，一夫一妻制の場合には，雌雄がともにテリトリーを防衛し，共同で仔育てにかかわる行動がみられることが多い．このように，繁殖システムは，雌雄の関係性が仔育ての仕方やテリトリー防衛行動とも深くかかわり，最終的に決定されるといわれている．

哺乳類では一夫一妻制のつがい形成システムを示す種は非常に少なく，全体の

わずか3％といわれる．プレーリーハタネズミは，哺乳類の中のこのようなごくわずかな種の一つで，なおかつ同じ属内に一夫多妻制のつがい形成システムを示す種サンガクハタネズミやアメリカハタネズミもいることから，その遺伝的あるいは適応的観点からつがい形成メカニズムを解明する格好のモデルである．イリノイの平原にすむプレーリーハタネズミを見いだしたのは生態学者のローウェル・ゲッツ（Lowell Getz）博士である．彼は平原にトラップを仕掛けて，プレーリーハタネズミの捕獲を行っていた．すると，常にオスとメスのペアが同時にトラップにかかっていることが多く，不思議に思った彼が生態における行動を観察したところ，一夫一妻制をとること，共同で育児をすること，さらにはペアになったオスはパートナーのメス以外に対しては攻撃行動を示して，縄張りから追い出すこと，などを発見した[27]（図3.7）．その後，その特徴は神経科学を専門とするトーマス・インゼル（Tomas Insel）らのグループに引き継がれ，精力的に調べられた．

一夫一妻制のプレーリーハタネズミと乱婚制のサンガクハタネズミを用いた選好性テストでは，同じ種の雌雄を，一つのケージに24時間同居させた後に，同居したオスと見知らぬオスを提示し，どちらのオスとともに過ごすかを観察した．プレーリーハタネズミの場合には同居相手オスのいるケージに長時間滞在し，サンガクハタネズミのメスは誰もいない中央のケージに長時間滞在した．このような雌雄間の絆の形成には脳の前頭前野（prefrontal cortex），側坐核（nucleus accumbens：NACC），そして腹側淡蒼球（ventral pallidum）が特に関連しているといわれている[28]．これらの領域は，食物を食べることや交尾をすることで得られる快感を引き起こす領域で，報酬系の神経回路と呼ばれている．この報酬系神経回路ではドパミンが中心的な役割を果たしているとされている．つまり，つがいの形成は「相手にはまる」というような常習性を生み出す神経回路が機能していたことになる[28]．

ドパミンと同様に，あるいはドパミン研究に先立ってつがいの絆形成とのかかわりが指摘されて研究が進んだのは神経ペプチドのオキシトシンとバソプレッシンで，オキシトシンはメスにおいて，バソプレッシンはオスにおいて，絆の形成に関係している．これらの神経ペプチドは，つがいの絆形成以外にも，オキシトシンは攻撃や母子間の絆形成ともかかわっており，バソプレッシンはオス間の攻撃や匂いづけ，求愛行動そして父性行動ともかかわっている．また，ドパミン研究においては，乱婚制のサンガクハタネズミにおいても，つがい形成後にドパミ

ンの増加がみられたことから，ドパミンのみではつがいの絆形成を完全に説明することができないため，他の物質の能性が指摘されたことも背景にあった．そして，つがい形成とこれらの神経ペプチドの量，それぞれのアンタゴニスト投与の研究では，オキシトシンはメスの側の絆形成を促進し，バソプレッシンはオスの側の絆形成を促進する．たとえばメスでは交尾後6時間しかともに滞在しないと，絆の形成が弱く，その後ともに過ごす時間は短いが，この6時間の間に脳内にオキシトシンを投与すると強い絆が形成される．逆に交尾後24時間ともに滞在する絆形成の際に脳室内にオキシトシンのアンタゴニストを投与すると，絆形成が障害される[28]．インゼルらはこれら二つの神経ペプチドホルモンの受容体の脳内分布を調べた．一夫一妻制のプレーリーハタネズミでは側坐核や前頭葉などに多くのオキシトシン受容体を発現していたが，一夫多妻制のサンガクハタネズミでは，受容体の分布は中隔に多く観察された．この分布の違いが一夫多妻制の神経回路を形成していることが明らかとなった．たとえばサンガクハタネズミでもプレーリーハタネズミと同じ神経核にウィルスベクターを用いて受容体を強制発現させると，プレーリーハタネズミと同様の親和的行動が増加することが明らかとなっている．

　ヒトにおいても受容体の遺伝子に多型が存在し，そのため受容体の機能が個々人で異なる可能性が指摘されている．受容体の多型とパートナーとの親和的関係性や結婚の有無を調べると，オキシトシン，バソプレッシンいずれも受容体の多型と婚姻形態や仲良し具合に違いが観察されている．このことから，一夫多妻制の絆形成はプレーリーハタネズミなどのげっ歯類からヒトのような霊長類に至るまで共通の可能性が指摘されている．

　つがいを形成したペアでは，2個体を分離することで，強いストレス反応性を示す．ストレスホルモンであるグルココルチコイドは上昇し，せわしなく動き回る．一方，一度離した個体を再開させると，グルココルチコイドは低下し，落ち着いてともに寝始める．このことから，絆の形成は一緒にいることの安心感の形成にも寄与し，逆に別離や喪失という心的情動の基本的機能といえよう．まさに社会情動の起源といえる．

3.4　攻撃行動と情動

　動物はさまざまな場面で攻撃行動を示す．一般的にはこれら攻撃行動は適応的

意味が大きいと解釈される．すなわち異性をめぐるオス同士の争い，縄張りをめぐる攻防，餌の奪い合い，などである．攻撃を上手に発現し，相手から資源を確保することは，その後の攻撃個体の活性を高め，多くの子孫を得ることを可能とするだろう．このような攻撃行動の分類として，最も広く知られているのが，モイヤー（1976）によるものである[29]．攻撃行動の発現の生理学的基盤や誘発因子，攻撃の対象を考慮して，捕食性の攻撃，オスオス間にみられる攻撃，テリトリーの防衛攻撃，母親動物が示す攻撃，恐怖によって引き起こされる攻撃，その他の攻撃に分類されている．しかし，この分類の基準が必ずしも一律ではなく研究者間でもまだ一致していない点もある．攻撃行動というと相手に咬みつく行動が最も典型的で理解しやすい攻撃となるが，たとえば群れの中の序列の確認に用いられるものは非常に微妙な行動，たとえばオオカミなどの場合は牙を剥く，睨む，唸る，といった威嚇行動だけでも決着がつき，その後に激しい攻撃性に発展することはない．このようなことから，スコット（1966）は，同種の2個体以上の間での社会的なやりとりに生起するすべての行動を包括したものとして"agonistic behavior（敵対行動）"という用語を提唱した．それによると咬み行動を主体とした攻撃行動と不動化や服従姿勢などを含む服従行動を両極とし，それに至るまでの些細な行動や音声などの表現も含めて敵対行動とし，敵対行動の発現のメカニズムを個体間，個体内，神経生理学の各レベルで分析的に研究していくことこそ，攻撃性の研究には必須であるという[30]．現在はこの考え方に沿った研究が主体となっている．

多くの動物種では，通常，メスに比べてオスの攻撃性が高い．このことから，精巣から分泌される男性ホルモンのアンドロゲンの血中濃度と攻撃性との因果関係が，広く研究されてきた．多くのげっ歯類では，オスの性行動と同様，オス個体間での攻撃行動もアンドロゲン量が急激に上昇する性成熟に，最初の発現がみられる．精巣を除去すると，アンドロゲン量の減少とともに，攻撃行動の低下すること，さらにアンドロゲンの皮下投与により，攻撃行動の回復がみられることから，オスの性行動の場面と同じく，オス型性行動の発現はアンドロゲン依存性であることがわかる．このアンドロゲンの作用は，性行動と同じく発達の過程で二つのポイントで必要不可欠であることがわかっている．一つは周産期における発達初期のアンドロゲン作用（アンドロゲンシャワー，アンドロゲンによる組織化作用）で，もう一つは性成熟後のアンドロゲン作用（活性化作用）である．

これらのことからアンドロゲンが攻撃性を規定するという考え方が広く流布した経緯がある．その際には本来の「攻撃性」の意味から少し外れ，アンドロゲンが興奮を高め，反社会的，利己的，また暴力的な行動を引き起こす働きをもつと考えられるようになった．実際にスポーツ選手や，女性でも男性社会で活躍しているヒトでは，アンドロゲンの分泌量が高いことが示されている．しかし，多くの研究の結果から，アンドロゲンの量とヒトの暴力や犯罪性には関与がないことが結論として得られるようになった．動物実験の結果からも，性行動と同じように成熟後のアンドロゲンはある程度の量が分泌されていれば，量の多少はあまり関係がなく，受容体を含んだ感受性の違いの影響が大きいことも明らかとなった．その個体差は経験に強く依存し，性行動よりも複雑な制御を受ける．ヒトにおけるアンドロゲンの作用としては，「攻撃性」を誘発するのではなく，ヒトが社会的交流を築くうえで，社会的な適切な，そしてさらに高い地位を求めるように働くという結果が得られている[31]．ただ単に攻撃性というと誤解を生じるが，社会の中でよりよい立場を得るための戦略に関与する，というのはそもそもの哺乳類が群れのリーダーを中心に繁殖形態をとっていたことを考えると，意外に理解しやすいことであろう．

a. 縄張り行動

動物において，自己の縄張りを確保することは，食物の獲得だけでなく，生殖戦略にも重要な意味を持ち，自己および自己の遺伝子を継承する子孫の生存価を上げるために非常に重要である．実験動物に使用されるマウスやラットも群れとしての縄張りを持ち，それを維持するためにさまざまな工夫を凝らしている．野生下での縄張りの広さを調べた実験によると，実験室ラットの祖先であるドブネズミでは200mに及び，野生下のマウスだと2〜30m程度であるという．もちろん縄張りの広さは食物資源の増減によって大きく変動し，豊富な場所では一般的に狭くなる．群れの中の社会構成もまた種によって異なり，ドブネズミのほうがマウスよりも複雑でより強固な関係を持つことが知られている．縄張りを持った激しい争いの生活は，他の個体を排他する目的であるが，一方"身内"の強固な団結力の現れでもあることを理解しなければならない．

マーキング行動は縄張り主徴のために最もよく使用される行動である．多くの哺乳類で観察され，特に糞尿や体表からの分泌物を，環境周囲の突起物や樹木に

付着させる行動である．たとえば，カバは一見温和そうに見えるものの，実際は獰猛な面も持っており，自分の縄張りに侵入したものは，同種のカバのみならず，ヒトに対しても攻撃することがあるほど，縄張り性の攻撃行動は強く発現する．カバは陸地に上がり，糞をしながら尻尾を回転して，糞を周囲に撒き散らすことでマーキングする．ネコ科の動物ではスプレーマーキングといわれる排尿時に，周囲に尿を振りかける行動が観察可能である．また偶蹄類のオスの多くは上半身の皮脂腺を樹木などにこすりつける行動でマーキングを行う．イヌが脚を高々と上げてマーキングする姿はよく見かける．コロラド大学のベッコフ（Bekoff）博士らはイヌにマーキングされた雪を丁寧に集め，別の場所に移した．その移された尿に対して，イヌではマーキング行動を観察したところ，自分の尿に対してはほぼ認められなくなること，つまり他者と区別する情報が入っていることを見いだしている．これらマーキングによる匂いによって，自分の縄張りの中では安心を覚え，強気に振る舞うようになる．一方，他者の縄張りへ接近した場合は緊張し，警戒する行動が発現する．このように縄張りの内外における情動反応とそれに付随した適応的行動発現メカニズムに関してはマウスなどを中心に研究が展開されてきた．

通常マウスは，マーキング行動に尿を使用している．尿の中には自分がマウスであることを示す種特異的な匂い，オスやメスの違い，さらには個体認知にかかわる匂い成分が含まれている．マウスのホームケージに小さな突起物を設置すると，その上をまたぐような仕草をし，尿を付着させる．これがマーキング行動である．この行動は基本的にはオスにしかみられない行動であるが，メスでも若干観察することができる．尿中に自己の縄張りを主張する成分が含まれており，自身のマーキングの跡には再度マーキングすることは少ないが，他の個体が残したマーキングの跡には大抵の場合，上からマーキングを行う（カウンターマーキング）．マウスの個体認知に関する成分としては，マウス主要尿タンパク（major urinary protein：MUP）がよく知られており，野生下のマウスでは，このタンパク質の構成成分の違いをもとに縄張りを主張している．ハースト（Hurst）らの研究によると，自己のMUPと他者のMUPの違いがマーキング行動の発現に関与し，たとえば自分の尿中にリコンビナントMUPを混入させることで，マーキング行動が上昇することからも，MUPの違いがマーキング行動を誘発するようである．マウスにおける個体認知には，主要組織適合抗原複合体

（major histocompatibility complex：MHC）が重要であるといわれてきた．これは，ペンシルバニア大学モネル化学感覚研究所の山崎邦郎らによるコンジェニック系マウスを用いた実験から発見されたもので，体内における"自己"を管理する免疫機能タンパクが，何らかの形で体外における自己表現に使われているという驚きの発見であった[32]．MHCを用いた匂いコミュニケーションは繁殖相手の嗜好性試験を中心に用いて行われてきており，MHCと縄張り性の行動の関連性はいままであまり見いだされていない．マウスの生態を鑑みると，一つの群れにおいて少数のオスと複数のメス，それにその若齢動物で構成されていることがわかる．とすれば，群れの中の個体間にはある程度の血縁関係が存在することになるだろう．同じ群れの中においても，兄弟間や親子間のような近親相姦は避けるべきであろうし，あまりにも血縁が遠いもの同士の繁殖も避けられる傾向が知られている．これらのことを考えれば，MUPは血縁の遠いマウスの群れ特有の匂い成分として縄張りの識別に使われ，MHCはどちらかというと群れの中における血縁の強弱の判断材料に使われているように思われる．2007年にストワーズ（Stowers）らのグループはMUPの構成成分を人為的に変化させることで，攻撃行動が誘発できることを示した[33]．しかしMUPの成分が同じであっても，同じ縄張りを共有した経験がなければ，侵入者として見なされ，その結果攻撃の対象になる．これは個体の認知が遺伝子に刻まれたものだけでなく，その群れ社会の中で記憶されていく部分があることをよく意味している．

b．オス情報を担う匂い成分

マウスでは，MUPの違うメス動物を導入しても攻撃対象にならないし，去勢されたオス動物の導入でも攻撃行動が観察されないことから，MUP成分の違いだけでは攻撃行動は起こらないことが明らかである．このことから攻撃行動の誘起には"オス"の匂い成分が必須とされているようである．インディアナ大学のノボトニー（Novotny）らは，オスマウスの攻撃行動を指標に"攻撃をかき立てる匂い"成分の分離同定を試み，二つの攻撃誘発物質，2-sec-ブチルジヒドロチアゾールとexo-ブレミコミンを同定した．これら"オス臭さ"を示す化合物と"群れ認知"を示すMUPが相互的に作用して，マウスの攻撃行動を誘発するようである．この"オス臭さ"の化合物も鋤鼻系を介した神経伝達系を必要とする．鋤鼻神経細胞に発現し，神経細胞の活性に必須とされるカルシウムイオンチャネル

TRP2の遺伝子を欠損したマウスでは，鋤鼻神経細胞が機能しなくなるが，このマウスは外部から進入してきたオスに対して攻撃行動ではなく，メスへの性行動であるマウント行動を試みつづけてしまう．このことは，マウスが鋤鼻系を使ってオスとメスの分別を行っている可能性を強く示唆している．またカッツ(Katz)らは，自由行動下におけるマウス副嗅球から神経細胞の電気活動の連続的測定に成功し，オス動物やメス動物の社会的な接触中に記録を行った．すると，同一系統のメスにのみ反応するもの，他系統のオスにのみ反応するものなど，系統特異性と性特異性を持った細胞の反応性が記録された．これは，鋤鼻器で受容された情報が副嗅球で集約され，さらに高次中枢へと伝達されていることを示している．これらのことから，フェロモン伝達経路に位置する副嗅球は，個体や性に関する情報処理を担っているといえる．

c． 仲間の匂い

上述のとおり，自分の縄張りを守るマーキング行動や縄張りに侵入してきたマウスに対する攻撃行動には，MUPの関与が強く示唆されている．では縄張り内での仲間の匂いとして用いられているものはどのような匂いであろうか．縄張りオスの攻撃行動は，群れの仲間には発現しないことから，何らかの"仲間の匂い"がその弁別に使われている可能性がある．上述のとおり，仲間という関係性が構築されるとその個体間には社会的緩衝作用が生じ，不安やストレス経験をお互いに軽減させる関係性が得られることになる．それほど，「仲間」というシグナルは重要といえよう．この仲間に対する攻撃の抑制を指標に，個体弁別にかかわる匂い成分の特性を調べた．居住マウスは同居する去勢マウスには攻撃行動を示さず，同じ系統であっても去勢された見知らぬ他個体に対しては攻撃を示した．またこの攻撃は同居する去勢マウスの尿を，見知らぬ個体に塗布することで抑制されることから，尿中に何らかの個体情報が含まれ，それをもとに居住マウスが攻撃対象か否かの識別をしていることが明らかとなった．さらに同居マウスと侵入マウスを同じ近交系マウスにしても縄張りマウスは容易に見分けたことから，遺伝的な匂い以外の制御因子の関与がうかがえた．そこでまず昆虫などで攻撃対象の弁別に使用されている給餌の成分を変更した場合の影響を調べた．食餌変更前と変更後の同居マウスの尿を採取し，それぞれ見知らぬ去勢オスに塗布して縄張り内に呈示したところ，いずれの尿でも攻撃が抑制されたことから，成長後の食

成分は個体の識別の匂いに影響しないこと，つまり個体の匂いの一貫性が高いことが明らかとなった．

ではこの個体の匂いはどのように形成されるのであろうか？　個体の発達期にあたる育成環境との関連を調べた．同胎の兄弟を離乳後に別環境にて飼育しても，居住マウスは同胎個体間の識別ができず，同居個体の同胎兄弟に対する攻撃が抑制された．しかし，居住マウスは，胎生期を共有し，その後の生育環境を別に過ごした里子マウスを識別し，さらに胎生期は別の母胎内で，出生後同じ母親に育てられた同胎マウスでも識別して攻撃行動を示した．これらのことから，胎生期から離乳期までの生育環境を共有することで，同じような匂いが形成獲得されることが示された．この結果から，同系統のマウスは遺伝的にまったく同じであっても発達期を異にすると見分けられて攻撃対象となること，つまり発達期に個体に関する匂いが獲得されることが明らかとなった．へ（He）博士らは鋤鼻神経細胞における活性が，同じ C57/BL6 でも同胎個体間では非常に近似していたものの，他胎の C57/BL6 では大きく異なっていたことを報告しており，これらのことからも育成段階において個体に関する匂いが獲得されるといえよう．

d. 社会的順位と情動反応

社会的順位には，絶対的順位と相対的順位とがある．絶対的順位とは，場所や季節，時間に無関係にある個体が持っている強さを表し，相対的順位とは場所や季節，時間帯によって変化する．たとえば，縄張りを持つ個体のマウスなどでは，自分の縄張り内では強く，ある侵入個体に攻撃したとしても，縄張り外では攻撃性が低下し，自身の縄張り内では攻撃の対象であったはずの相手の縄張りでは逆に攻撃を受ける立場になる．このような変動的な順位関係を相対的順位と呼ぶ．一方，ある一つの動物の集団内での個体間の優劣関係はどのような場面でも維持されることから絶対的な順位関係と分類されることが多い．しかし，社会的順位の定義に関しては研究者によって相違もあり，確定的なものではない．

順位関係の形態としては，大きく分けて，直線的な順位関係と独裁的な順位関係とに区分できる．線形的な順位関係とは，ニワトリにおいて最初に報告された．ニワトリは順位を確認する敵対行動としてつつき行動を示すことから，より多くつつき行動を示した個体をより優位な個体と判断できる．この指標をもとに1位から2位，3位…と直線的で安定した順位関係が得られ，これを"ニワトリのつ

つきの順位"と呼ぶ．一方，独裁的順位関係は実験用マウスの研究で報告されている．独裁的な順位関係の場合には，一個体の優位個体以外には複数の劣位個体間に明瞭な順位関係はみられない．優位関係を取り除くと次の優位個体が出現するようになる．ただし劣位個体間で明瞭な攻撃や威嚇が行われないだけで，実際には優劣関係が存在するとも考えられている．一般的には社会的集団を形成して生息する動物種では集団内での役割分担が発達することでこれらの機能が高められる．リーダー個体が存在することで作業効率が高まることは，ヒトを対象とした多くの社会心理学的実験研究においても明らかにされており，ヒト以外の動物種においても捕獲行動などにおいて，リーダー個体の存在によって集団としての統率性が高まり，捕獲効率が向上することは想像に難くない．また，劣位の個体が周囲への偵察行動を交代で行うことにより，集団全体の防御体制機能が高まり，かつ採餌行動を交代で行うことができるので，防御性と栄養摂取の高まりという双方の点から各個体の生存上にとって，序列をつくり各々の役割を果たすことは非常に有利になると考えられる．

　その一方で，リーダー個体や他の優位個体が集団の統率性を高めて順位を維持するためには攻撃や威嚇を劣位個体に適切な頻度で示すことが必要であり，劣位個体には常に"劣位ストレス"がかかる[34]．劣位ストレスが非常に高まった状況では，劣位個体の集団からの離脱という状況も生じる．また，優位にある個体は，餌への接近や異性への獲得という，資源確保において劣位個体よりも利益が大きいことから，劣位から優位へと順位の逆転を目指すこともしばしばみられる．集団全体の安定性は集団全体の機能的行動に直結していることから，優位個体の行動としては，攻撃や威嚇を最小限にとどめる程度にしつつ，順位を確認して集団を安定した状態に維持し，集団の統率性を維持する必要性がある．緊迫感の高い攻撃を行うことはエネルギーを順位の維持に費やす必要性を高め，損失になるほか，注意の対象が順位関係の維持に傾けられると群れの外への集団的な防衛へ向ける注意量が減って敵の襲来に備え損なうことにもなりかねない．社会的順位を確認する儀式的行動が，社会的集団を形成して生息する多くの動物種に発達しているのは，直接攻撃をすることで順位を確認することがこのようにデメリットが多いことから，それを回避して機能的に集団を運営するのに役に立っていると考えられる．

　社会的集団を形成して生息する動物種の多くでは，社会的順位を確認する行動

以外にも，多くの社会的行動パターンを発達させている．攻撃的な状態にある個体に対してなだめる行動や複数個体が出会ったときの挨拶行動，互いの情報を交換する意味を持つ互いの体の匂い嗅ぎ行動，個体間の親密関係を示すアログルーミングなどの親和行動などである．融和行動がどのように他個体に向けて出されるか，また他個体の融和行動を解発するものとしてどのような信号を送るかは種によってさまざまで，大きく分けると音声（聴覚刺激），匂い（嗅覚刺激），行動パターン（視覚刺激および触覚刺激）によって行われる．攻撃的な状態にある個体に対して示す降服を意味する姿勢や行動，あるいはなだめの表情などは，多くの動物種で種特異的な行動パターンが発達している．

　群れの順位とホルモンの関係性も多くの動物種で調べられてきた．島のツパイは絶対的な独裁的順位関係を構築し，優位個体と劣位個体の間で激しい攻撃行動が観察される．通常は劣位になるとできる限り優位個体から距離をとり，激しい攻撃行動を回避するが，実験的に優位個体と隣接したケージで劣位個体を飼育すると，過度の優位個体からのシグナルにより，劣位個体の行動と内分泌が長期的に変化する．つまり劣位個体にとっては，優位個体の存在という感覚刺激によって，状況が打破できない無力感や攻撃を受けるかもしれないという不安感にさいなまれることになる．劣位個体は敗北経験によってストレスホルモンであるグルココルチコイドの過剰分泌を示し，行動も抑うつ的になる[34]．最終的には性腺機能も抑制される．たとえば摂食量や運動活性，性行動が低下し，睡眠覚醒のリズムが障害されるなどの生命活動全体の沈静化が認められる．これらの症状はヒトのうつ病とほぼ同等で，たとえば抗うつ薬の投与により改善することも知られている．劣位が持続的に続くと，脳内の海馬が萎縮を始め，新たな新掲載簿の誕生である神経新生の能力も低下する．海馬の萎縮はうつ病の患者やうつ症状を呈して自殺した人たちの脳内でも認められる最も顕著な変化であり，ヒトで認められるうつ症状の情動変化が動物でも再現できているといえよう．このような不必要な優劣関係の継続は心身の機能を破綻させ始める．

　群れの順位の形態とそれに対するストレス応答は，順位のあり方に依存する．メスのアカゲザルでは生まれながらに順位が決まり，不動であることから，順位をめぐる争いやストレスはあまり生じない．サバンナバブーンやリスザル，ラットやマウスなどでは安定した順位が存在するので，劣位個体は多少のストレス反応を生じているものの，さほどではない．さらにこの場合，優位個体においても

安定した状態のために,ストレスを受けることはほとんどない.逆に順位が流動的で,常に上位の優位個体が劣位に対して威嚇行動や順位の確認作業をしなければならない種,たとえばマングースやリカオン,ワオキツネザルでは優位個体におけるストレス症状が高く出て,グルココルチコイド分泌も多い.このように,ただ単純に劣位のものがストレスが高いわけではなく,群れの構成によっては最も優位な個体がストレスを受けている場合が存在する.

劣位の個体がストレスを受ける程度が強くなると,劣位でいることの適応度が低下する.すなわち劣位でいる限り,食資源を制限され,交配の機会を失っていることになる.旧世界ザルではそのような状況になると,劣位のオスは群れの外に出て,繁殖の機会をうかがうような周辺オスとして生活する.あるいはオランウータンでは,劣位のオスが若い未成熟様の行動を示し,そのことで優位個体からの攻撃や威嚇を回避しつつ,性成熟のみが起こっていて,繁殖機会をえる,という戦略を持っている.魚類ではスニーカーと呼ばれるオスの存在が知られており,幼若メス個体のような外見をしつつ,体内ではオスとして成熟する個体で,縄張りをもつ大型のオスの攻撃をかわしつつ,瞬時に放精して,逃げるという.

このようにさまざまな場面における社会的順位とそれに伴う情動やストレスの影響は,種特異的でありつつも,その根幹における反応性には生物学的な基礎としての共通性が見いだせ,おそらくそれはヒトの社会における序列や社会的順位に応じた情動機能の変化と同じように観察できるであろう. [菊水健史]

コラム6　イルカのケンカと仲直り行動

「イルカ」を知らない人はいないだろう.しかしひとくちにイルカといっても実に40種ほどに「イルカ」という名称がついている.イルカは歯を持つ鯨類(ハクジラ類)のうち,小型のものの総称であり,その社会も多様である.たとえば日本の沿岸域に棲むスナメリなどは単独性の傾向が強く,一方,ミナミハンドウイルカは,野外では明確な順位制を持たず,オス同士が同盟関係を持ち,同盟が同盟を組むといった入れ子状の複雑な社会形態を持つ[1].イルカの種によって社会形態が異なるということは,社会の維持の仕方が異なる可能性がある.ハンドウイルカ属のような長期にわたる個体間の関係性を維持し続けるような社会では,社会的な葛藤が起これば,葛藤解決を目指す方法が存在するはずである.一部の陸棲哺乳類においては,葛藤解決行動(仲直り,慰めなど)が存在することがわかっている[2].で

コラム 6

図 御蔵島のミナミハンドウイルカのラビング行動

は水中という3次元環境で自由に泳ぐイルカではどうなのだろう．

　平和的なイメージの強いイルカだが，他個体を殺した例[3]，子殺し[4]や他種を殺した例[5]も知られている．ときに荒々しいイルカ．激しいケンカに発展しないよう関係性を維持するほうが無難だろう．須磨海浜水族園で飼育されているハンドウイルカ3頭の観察を行ったところ，ケンカに分類できるさまざまな行動（頭突き，追いかけ，噛む，ヒレでたたく，アゴを打ち鳴らすなど）が多く観察された．ケンカは一方的ではなく，お互いが仕掛ける．ケンカがいったん収まったあと，ラビング行動（図）と呼ばれる，胸ビレで相手の体を触る行動をお互い行うことが多くなる．ケンカの後にラビング行動を行った場合には，そのあとのケンカが起こりにくくなるため，どうやら，ラビング行動によって仲直りをしているようである[6]．ときにはケンカを行っていない第3者から当事者への親和的な行動（ラビングや並泳など）も起こる．つまりそこでは「宥め」や「攻撃者からの保護」が行われているようだ[7]．こうした宥めや共感といった心の動きは，複雑な社会を維持するために重要であるかもしれない．鯨類はヒトを含む霊長類と約1億年前に進化の道筋を違えている．複雑な社会というキーワードが葛藤解決ひいては社会認知の能力を説明できるかもしれない．

　さて，伊豆諸島御蔵島の周りに棲息する野生のミナミハンドウイルカを20年ほど観察しているが，ケンカに遭遇することは珍しい．かつてオスに追いかけられている子連れのメスがブンブンと（水中で力強く尾を振るとブンという音がする）尾びれでオスの頭をたたこうとする場面に遭遇したことがある．ケンカの少なさは，もちろん広い場所であるから嫌な相手からは逃げられるのも一因だろうが，一方で，ケンカまで発展しないよう，普段から行っているラビング行動などの親和的な社会行動[8,9]による関係性の維持が，とてもうまくいっているからなのかもしれない．

[森阪匡通・酒井麻衣・山本知里]

文　献

1) Connor RC, Mann J, Tyack PL, Whitehead H : *TREE* **13** : 228-232, 1998.
2) Kutsukake N : *Ecol Res* **24** : 521-531, 2009.
3) 長崎　佑 : 飼育下における小型歯鯨類の行動について．月刊海洋科学 **20** : 569-577, 1988.
4) Patterson IAP, Reid RJ, Wilson B, Grellier K, Ross HM, Thompson PM : *Proc R Soc Lond B* **265** : 1167-1170, 1998.
5) Cotter MP, Maldini D, Jefferson TA : *Mar Mamm Sci* **28** : E1-E15, 2012.
6) Tamaki N, Morisaka T, Taki M : *Behav Processes* **73** : 209-215, 2006.
7) Yamamoto C, Morisaka T, Furuta K, Ishibashi T, Yoshida A, Taki M, Mori Y, Amano M : *Sic Rep* **5** : 14275, 2015.
8) Sakai M, Hishii T, Takeda S, Kohshima S : *Mar Mamm Sci* **22** : 966-978, 2006.
9) Sakai M, Morisaka T, Kogi K, Hishii T, Kohshima S : *Behav Processes* **83** : 48-53, 2010.

コラム7　動物の情動理解のための「微細行動解析」

　近年の神経科学と分子生物学の発展は著しく，目を見張るものがあります．特に近年では特定の神経回路を刺激したり抑制したりすることで特定の記憶が呼び起こされたり，抑えられたりすることも近年の技術で可能になってきました．特定の傾きに反応する視覚領域の神経細胞や刺激すると下肢や眼瞼などの運動を誘導できるような神経細胞などと同様に，脳のどこかに記憶や情動が局在するのであればその実態をとらえることができるでしょう．しかし，「情動」という言葉に立ち戻り，その複雑さをもう一度考えてみると，感覚や運動，記憶という行動とは異なる「文学的な」ニュアンスがあるように思えます．それは動物の情動の表現は機械的な反応であるにもかかわらず，その裏に生理応答を含む複雑な過程(興奮や快-不快など)が存在し，これらすべての過程を含めたものが情動であるといえるからでしょう．つまり，外界の刺激や環境が身体全体の興奮性や態度を変化させ，その変化に対して脳で想起される記憶に基づいた(脳として合理的な)意味づけ，これこそが情動であるといえます．デートのときに彼氏や彼女と吊り橋に登るとよいとした「吊り橋効果」は，この意味づけの方向性の違いによって，快や不快といった情動の意味づけが異なることを示す例であるといえます．脳は吊り橋の上にいるからドキドキしているのか，彼氏や彼女といるからドキドキしているのかの区別がつかないというわけです．

　複雑に絡み合った事象は一つひとつひもといて分析的にみることが大切であるこ

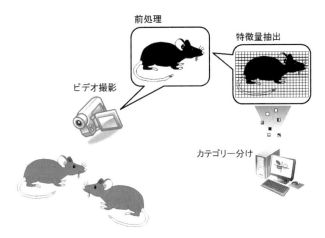

図　動物の行動を撮影し，数値化して，客観的な解析を行う

とはこれまでの実証科学的手法が示している通りです．特に情動の進化的側面を検討しようとすれば，さまざまな動物種において保存されている情動を構成する「より小さな行動」がいかなるものかを分析し，他の動物，特にヒトとの共通点や相違点をあぶり出すことが必須となります．時々刻々と複雑な行動が絡みあう情動のような対象を取り扱うためには，これまでの「手動による」行動学的評価では不十分です．近年，コンピュータの能力は格段によくなりチェスで人を負かすまでになりましたし，物体の形や運動をとらえる画像処理技術も自動車に多く搭載されている車載カメラの物体検知技術として利用されている通り，その発展は日進月歩で応用範囲も日に日に広がっています．人間が目では知覚できないような変化や動きもコンピュータの目（コンピュータビジョン）を用いることで検出することができるようになってきました．こうして得られた複雑な行動のデータは機械学習などの統計的手法を用いてカテゴリー分けされ，これによりヒトが検出できなかった行動の小さな変化，差異が見て取れるようになってきました．筆者たちはこれらの利用可能なさまざまなテクノロジーを駆使し一連の行動を分析し，神経活動との関連を一つひとつひもとく努力を続けています．こうした努力により情動や共感性，社会行動といった非常に複雑な行動の進化や神経基盤が明らかにされ，私たちの社会の成り立ちを神経の言葉で説明できる日がやってくると確信しています．　　　［駒井章治］

共感の進化

4.1 共感とはなにか

　ヒトはもちろん動物界きっての知性の持ち主である．しかし，すべての面において他の動物から傑出しているわけではない．私たちの知性の特徴は優れた社会的認知の発達にある．場所の記憶では餌を隠す習性のある鳥にかなわないし（彼らは何千という隠し場所を記憶できる），数字の短期記憶ではチンパンジーにかなわない．ヒトを含む霊長類でさまざまな知能テストの成績を比較すると，物理的知性ではヒト幼児と他の大型類人猿との間に差がないが，社会的知性ではヒトの認知能力は傑出して高得点である．つまり，われわれは社会的知性の動物なのである．

　社会生活を営むうえで他人がどのような気持ちであるかがわかることは相手の行動を予測するうえで大切であり，またその気持ちを理解することによって自分の気持ちも変化する．共感はこのような円滑な社会生活の基本的な機能であると考えられる．そのため，共感は哲学，社会学あるいは心理学などの分野での研究テーマであった．しかし，ダーウィンは多くの動物が相互に他者の不快または危険に対する共感を持っていると主張しており，むかしから共感は人間に固有のものではないと考えられていた．実際，近年では多くの動物の研究者がこの問題を取り上げており，共感の進化的起源が少しずつ明らかになっている．

a. 個体間現象としての共感

　学術用語としての共感はもともとドイツ語の Einfühlung を英語に訳した empathy である（心理学はドイツ生まれの学問なので，ドイツ語からの翻訳が多い）．Fühlung は感じるとか関係とか感情といった意味であり，Ein は「…の中へ」といったことを意味する接頭語である．そう，日本語の「感情移入」が

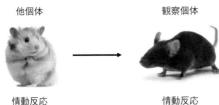

図 4.1　共感は他者の情動表出によって起きる自己の情動である

ぴったりする言葉なのである．しかし，共感は研究者によってさまざまな定義がなされている．他人の情動の解読と考えるもの，情動の共有だとするものから，相手の立場がわかる認知的な能力だと考えるもの，さらに他者の個人的な経験の理解だとするものもある．おおまかにいうと，他者理解という認知的側面を強調する立場と，情動としての側面を強調する立場があるようだ．しかし，共通する前提はまず自分と他人の少なくとも二人がいることである．つまり，共感は個体が複数いることによって成り立つ個体間現象なのである．ここではもともとの Einfühlung の意味を生かして，共感とは他者の情動表出によって起きる自分の情動反応だとしておこう（図 4.1）．

b. 情動の認知とコミュニケーション

　他者の情動を自分の情動と共有するためにはまず他者の情動がわからなくてはならない．つまり情動の認知ができなくてはならない．情動は一義的には自律神経系の反応だが，共感が起きるためにはこれが他個体にわかるように表出されなくてはならない．血圧や体温は直接わからなくても，紅潮した顔や荒い息づかいなどは外からわかる変化である．ヒトの場合は顔の表情が大きな情報源になるし，髪の毛，体毛の変化，せかせか動き回ることなどの動作も情動の指標になる．

　ダーウィンはいちはやく情動表出としての表情がヒトと動物で共通点があることを見いだした．したがってヒトの情動表出としての表情は連続的進化の産物と考えられる．もし，ヒトが種として同じ表情を持つならば，民族や習慣の違いを超えて同じように認知されなくてはならない．文化人類学者のエクマンはニューギニアのフォレ族（その当時文明社会との接触がほとんどなかった）に情動をひきおこす話を聞かせた後，北米人の表情写真を見せて，その話に合致する写真を

選ばせた．その結果，表情判断がヒトに共通していることを示した．もっとも，その後，この研究には批判もでている．また，表情が連続した進化の結果なら，近縁種の表情も読み取れなければならない．チンパンジー研究者のグドールは，未経験の研究者であってもチンパンジーの情動をほぼ間違いなく判断できるとしている．さらに，日常的にはわたしたちはイヌやネコなどのペットの情動がほぼ間違いなくわかるし，その逆にイヌ・ネコも飼い主の情動をかなり正確に読み取る．

　他者が情動表出を認知できるということはそれがコミュニケーションの手段となっていることを意味する．実際私たちも動作，表情などの多くの非言語的コミュニケーションを用いている．「目は口ほどにものを言う」し，上司の「顔色をうかがう」のも円滑な社会生活には重要だ．それらの情動表出によるコミュニケーションはなんらかの「読心術」なのだろうか？　当人は隠したくても「色に出て」しまうものなのだろうか？　たしかに自律神経系の反応は不随意で，ポリグラフによる嘘発見器はそのような反応を利用して，本人の意図しない情動変化を調べるものである．だが，表情や動作はかなりの部分随意的であり，コミュニケーションの手段として意図的に表出する能力が進化していった側面もある．

　もちろん，動物でも他個体の動作，表情の認知は重要である．実験室的にはウズラに低濃度麻酔薬を投与したときの他個体の映像（立ってはいるが体がゆれており，眠り込む前の状態）や覚醒剤を投与したときの映像（首をのばして，くちばしを開閉し，動き回る）と生理食塩水投与のときの映像を見せて，その区別を訓練することができる．ある動画が見えたときにスクリーンをつつけば餌が与えられ，別の動画のときには餌が与えられなければ，ウズラは餌が与えられる動画を選択的につつくようになる．同じような他個体の状態認知はハトの実験でも認められている．

c.　自己と他者のマッチング

　しかし，共感が起きるにはこれだけでは十分ではない．他人の情動を認知することによって自分の情動の変化が起きなくてはならない．行動の模倣や伝染にはほとんど情動が関与していないようなものもある．新生児は出生直後から大人の舌だしなどの行動を真似ることが知られている（新生児模倣）．ヒトにヒトの嬉しそうな顔や怒った顔を見せると顔面の筋電図に同じような変化が見られるが，

刺激提示時時間を短くして，顔認知ができないようにしても，筋電図上の変化は現れる．つまり，新皮質での情報処理がなくても情動表出模倣が起きるのである．また，被験者に不味いサンドウィッチと美味しいサンドウィッチを食べさせて，その表情を他の被験者に判断させたところ，何人かが一緒に食べている場面では判断できるが，一人で食べている場合には判断できなかったという．これは共感が情動表出の相互促進作用（社会的促進）を持つことを示すばかりでなく，マッチングが意図的でなく生じることを示す．

　他人の情動がどのようなものであるか理解するためには他者の気持ちが自分のどのような気持ちと一致するものなのかがわからなくてはならない．他者と自分の情動のマッチングである．後に述べるように他人の苦痛を見ることの嫌悪感や，他人の喜びが好ましいといった，共感の一部はいわばデフォルトとして備わっていると思われる．しかし，経験によって獲得ないしは促進されるものもある．特に，他人と同じ経験をしていたかどうかは重要である．「他人の痛みがわかる」ためには，自分も痛い思いをしていなければならない．いわゆる「苦労人」はこのような共感のための経験が豊富な人だろう．共通経験の効果は自己の情動の記憶と他者の情動のある種のマッチングである．共感は他個体認知と自己認知をつなぐものと考えることができる．

　共感はヒトではごく普通にみられる現象であり，文化や時代によって程度の違いはあってもヒトに共通にみられると思われる．共感に似た情動反応はヒト以外の動物でもある程度認められる．つまり，ヒトになって突然生じたものではなく，ヒトの他の特性と同様に進化的起源のあるものと考えられる．この章ではヒトでみられる共感を分類したうえで，それぞれの共感がどの程度動物でみられるかを述べ，そこから共感の進化的意義を明らかにしたい．

d. 共感の測り方

　ヒトを被験者とした研究では直接訊くことができる．心理学で用いられる質問紙にはさまざまな工夫がなされており，共感を測ることができる．動物では質問紙は使えないが，共感は情動反応であるので血圧，呼吸，心拍，体温などの自律神経系の反応測定が考えられる．負の情動反応はストレスになるので，負の情動反応であれば，コルチゾール（コルチコステロン）などのストレス・ホルモンの測定も使える．これらのホルモンの分泌が亢進するからである．また，体温の変

化も情動の指標になる．体温の変化はサーモグラフ（空港などでよく使われている赤外線の放射を利用した温度の測定）を使えば，動物の自由な動きを妨げることなく測定できるので便利な指標である．これら負の情動に対して正の情動はなかなか測定しにくい．

　もう一つの方法は行動を利用した測定である．他者の負の情動反応によって自分も負の情動が起きると他の行動を行うことが妨げられる．つまり行動の抑制が起きる．電車の中で新聞を読んでいるときに隣の人が急に苦しみはじめたらまずは新聞を読むのは止めるだろう．他方，他者の正の情動は自分の正の情動を促進する．阪神タイガースや楽天イーグルスの試合の応援席はまさにこのような状況であろう．このように他の行動を促進したり抑制したりすることから正負の共感を評価できる．これらは他者の情動反応の直接的な効果と考えられる．

　他者の情動反応が好ましいものであれば，動物は積極的にこれを得ようとするだろうし，逆に他者の正の情動反応が好ましくないものであれば，動物はこれを避けようとする．つまり，他者の好ましい情動反応は報酬となり，好ましくない情動反応は罰になる．単純には痛い思いをしている他個体に近づく・あるいは避ける，楽しい思いをしている他個体に近づく・遠ざかる，というテストが考えられる．このようなテストは社会的選好テストと呼ばれるもので，広く用いられている．ただし，この方法は多少妥当性（本当に共感を測定しているのかという問題）に問題がある．たとえばネズミが痛がっているネズミに近づいたとしても，それが楽しいからなのか，助けようとしているのか，あるいは単なる好奇心（痛がっているネズミの行動は普段みられない不自然な行動なので注意を引く）なのかわからない．さらに痛がっている個体と近づく個体の間で相互交渉があるのでこれも測っている行動が共感であるかどうかの判断を複雑にする．

　これらを避ける方法の一つがある種の条件づけを用いる方法である．詳細は実際の実験を紹介するところで述べるが，痛がっている他個体をみるのが嫌悪的であれば，それと結びついた環境は嫌悪的になり，幸せな他個体をみることが好ましいものであれば，それと結びついた環境は好ましいものになる．したがって，そういった環境を好むか，嫌になるかが測定できれば，正の共感が起きているか負の共感が起きているかが判定できるわけである．この方法の利点は測定しているときには他個体はいないので，相互交渉などの可能性を除去できることである．この章ではこのようなさまざまな行動的測定を使った共感研究を紹介する．

4.2 共感にはどのようなものがあるか

　典型的な共感は「他者の不幸の表出に対する負の情動反応」とされるが，もう少し広く考えると「他者の幸せを自分の喜び」とすることも共感の一種である．さらに広く，他者の情動表出によって起こされる自分の情動の変化と考えると，他者の状態と自己の状態の関係は図 4.2 のように表すことができる．

　他者の不快が自分の不快になることを「負の共感」とする．フランス・ドゥ・ヴァールは，このような共感にいくつかの段階があると考えている[1]．一番単純な「情動伝染」ではいわば自動的に情動反応が起きるもので，「あくび」をしている人をみると自分もあくびをしてしまうような現象がそれに当たる．その次には相手の苦しい状態によって自分の情動反応が起こされる「共感」があるとしている．さらに，他者の情動の認知が必要になる「認知的共感」があり，最後の段階として「同情 (sympathy)」があり，他者の不幸によって，自分が悲しく感じる，としている．

　さて，不幸な人をみて悲しくなるばかりでなく，幸せな人をみて自分も幸せになるのを「正の共感」としておこう．ヒトではごく普通にみられる現象で，入学試験に受かった友達を胴上げしたり，結婚式で花嫁の友人がうれし泣きをしているのがそれにあたる．ダーウィンは負の共感を基本的な共感としてとりあげたが，その約 100 年前にアダム・スミスは「他者の境遇に関心を抱き，また他者の幸福が自らに欠かせなくなっている」として，正の共感を基本的な共感としている．人間の基本的な共感と思われる正の共感は，後に述べるように，動物では案外見つけにくい．共感の測り方のところで述べたように，正の共感が測りにくいことも原因の一つかもしれない．この正の共感，負の共感に共通する特徴は他者の状態の方向と自己の状態の方向が一致していることである（状態一致性といわれる）．この「同じ気持ちになる」二つの共感が狭い意味での共感である．

		観察者	
		幸福	不幸
他個体	幸福	正の共感	逆共感
	不幸	シャーデンフロイデ	負の共感

図 4.2　共感の分類

しかし，自分の情動は他者の情動と一致するものばかりではない．他者の幸福がむしろ不快に感じられる場合も考えられる．いわゆる嫉妬などはこれに含まれる．これまたヒトの行動をみているとよくみられるばかりでなく，狭い意味の共感としてあげたもの以上に人間の行動を支配している情動のようにも思われ，古今東西を問わず文学作品のテーマになっている．まことに人間の暗い側面のように思え，ヒトの発達した社会性が生み出した負の遺産のようだが，よく探してみると動物にもその原始的なものが認められる．ということは，この共感もヒトの文化が生み出したものではなく，なにか生物学的な意味のある情動だと考えられる．ここでは，この情動を「逆共感」としておこう．

　さらに複雑なものに他者の不幸を快とする場合もあり，日本語での「他人の不幸は蜜の味」ということに相当する．日本語あるいは英語の単語でこの情動を表すことばはないが，面白いことにドイツ語ではシャーデンフロイデ（Schadenfreude）という単語がある．シャーデン（Schaden）というのは気の毒といった意味でフロイデ（Freude）は喜びである．つまり（他人の）不幸が楽しい，ということである．これは先の逆共感よりさらに陰気な気分のものであるが，これまた人間では広くみられる．他人の失敗は格好の酒の肴になろうし，いわゆる「いじめ」もこのような情動に入るかもしれない．ただし，「いじめ」がいわゆる「弱い者いじめ」であるのに対し，シャーデンフロイデはむしろ自分より上位の者の失敗や不幸がより快感をもたらすという違いがある．ここではドイツ語をそのまま使って「シャーデンフロイデ」としておこう．

　さて，このように考えてくると共感とはまことに矛盾した情動だということになる．同じ他者の不幸があるときには悲しみ（負の共感）になり，別の場合には快感（シャーデンフロイデ）になる．他者の幸福も喜び（正の共感）になったり，不快（逆共感）になったりする．どちらの情動が引き起こされるかは他者と自己の関係が深くかかわっている．ヒトは絶えず他人と比べて自分を評価している．自分の状態を他人の状態に比べて初めてそれが喜ばしかったり嫌なものだったりする．心理学者のスミスはこの現象を二重焦点化という理論で説明している．他者の情動は本来自分の情動とは別のもので，自分の情動こそが自分の関心事であってそこに自分の焦点が合っている．他人の幸福に焦点が合った場合にそれが自分の焦点に移行し，ある場合には自国のオリンピック選手の勝利に感激し，別の場合には同僚の昇進に嫉妬するようになる．どちらの情動になるかは自分と他

者の相対的社会関係が深くかかわっている．逆共感はまさに他人が自分より幸福だと思ったときに引き起こされる．さらに，逆共感とシャーデンフロイデという二つの共感は双子のようなもので，逆共感（嫉妬）を感じている他人の不幸こそがシャーデンフロイデになる．自分と同等または劣っている他人の不幸はシャーデンフロイデではなく負の共感を引き起こす．しかし，いつでもこのような情動が起きるわけではなく，どのような状況のもとで正の共感ではなく逆共感が，あるいは負の共感ではなくてシャーデンフロイデが起きるのかが共感の進化的起源を探る重要なかぎになる．

4.3 負の共感

　共感の中で最も基本的なこの研究例が最も多い．わたしたちも他人が痛い経験をしている映像をみると自律神経系の反応が起きるし，脳機能画像で調べると自分が痛い思いをしたときに賦活されるのと同じ部位が賦活される．同種の他個体の負の情動反応が嫌悪的なものであることは霊長類，ゾウ，ブタ，ネズミなどで広く認められている．心拍などの自律反応でも他個体の情動反応で変化が生じることがわかっているし，サシバエにたかられている仲間を見せられたネズミはポリポリ体をかくし，ストレスホルモンであるコルチコステロンの上昇もみられる．

　行動的に負の共感を明らかにした最初の研究はチャーチ[2]のものである．彼はまずラットを小さな実験箱に入れ，ラットが小さなレバーを押すと小さな餌のペレット（餌粒）が給餌器から出てくるようにした．ラットはレバーと餌粒の関係を覚えてレバーをしきりに押すようになる．反応が安定したところで，実験箱の隣で他のラットに電気ショックをかける．電気ショックをかけられたラットは悲鳴をあげて暴れる．するとレバーを押していたラットはレバー押しをやめてしまう．つまり反応が抑制されてしまう．

　筆者たちの実験室では同じような現象をハトで確認した[3]（図 4.3）．ハトの場合は実験箱の中に小さな丸窓があり，ここをつつくと給餌器から餌が与えられる．ハトもこのことを憶えて安定して丸窓をつつく．そこで実験箱の隣で別のハトに電気ショックをかける．ハトは丸窓をつつくのをやめてしまう．しかし，繰り返し隣の個体に電気ショックをかけるとラットでもハトでもまた反応を始める．つまり，隣の個体が痛がっていることに慣れてしまうのである．

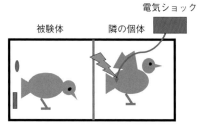

図 4.3 ハトの負の共感
左のハトは隣のハトに電気ショックがかかると反応をやめてしまう．

これだけでは痛覚反応による騒音などで一時的に反応が止まっただけとも考えられる．そこでラットに2レバーを選ばせる実験をした．一方のレバーを押すとおよそ7秒後に餌が出され，同時に雑音が流される．他方のレバーを押すと餌が得られることは同じだが，録音しておいた他のラットの電撃に対する悲鳴が聴こえる．つまり，どちらのレバーを押しても餌が得られることは変わらないが，一方では雑音が，他方では悲鳴が聞こえる．その結果，ラットは悲鳴が聞こえないほうのレバーをよく押すことがわかった．ラットは同種の悲鳴を避けることがわかったのである．このことは他個体の不快な反応が同じ動物にとって避けたい嫌なものであることを示す．類似の現象はサルでもみられている[4]．サルを実験箱に入れて，箱の中には二つの鎖があり，これを引っ張ると餌が得られる．しかし，一方の鎖を引っ張った場合には餌も得られるが同時に隣のサルに電気ショックがかかる．果たしてサルは電気ショックがかからないほうの鎖を好んで引っ張るようになったのである．負の共感はかなり広く動物でみられる現象のようである．

a. 経験と負の共感

われわれも他人の悲鳴を聞けば反応の抑制が起きる．なぜだろうか？　仲間が危険な状況にあることは自分もまた同じ危険にさらされるという信号になるからかもしれない．仲間の悲鳴を避けることは自分の危険を避けることにつながる．そこで，こんどは実験的にこのことを検証した．先ほどと同じ実験だが，こんどは隣の個体に電気ショックがかかると，それに続いて自分にも電気ショックがかかるようにする．これは条件づけといわれるもので，この場合，隣の個体の痛覚反応が条件刺激，自分の電気ショックが無条件刺激になる．一般的にいえば，た

とえば音（条件刺激）を聞かせて電気ショック（無条件刺激）を与えることを繰り返せば，音だけで動物はすくんだりするようになる．条件づけはロシアの生理学者パブロフが発見したものである．イヌの口に酢（無条件刺激）を入れると涎を出す．その前にメトロノームの音（条件刺激）を聞かせることをくりかえすと，やがてメトロノームの音だけで涎を出すようになる．

　共感の実験では条件刺激が仲間の反応であることが特殊であるが，他の手続きは条件づけと変わらない．さて，このような条件づけの後で，丸窓をつついているハトの隣で別のハトに電気ショックをかけると，つつき反応は抑制される．しかも，先ほどの条件づけなしの場合よりも強く抑制される．他個体の負の情動反応が生得的なものか覚えたものかははっきりしないが，少なくともそれが危険なものであることを学習させることは可能であったわけである．

　次に，条件づけをしないで，ただ電気ショックを受ける経験だけをさせてみる．つまり，隣の個体と同じ経験をさせてみる．条件づけをしていないにもかかわらず，この同じ経験を持つ個体では隣のハトの痛覚反応で丸窓つつきが抑制される．パブロフの条件づけでは無条件刺激を聞かせるだけでは涎が出るようにはならない．となると条件づけではなく共通経験が共感を促進したことになる．このメカニズムは他者の痛覚反応をみることによって自分が電気ショックを受けた記憶が活性化され，その結果，反応が抑制されると考えられる（図4.4）．

　さて，これまで述べてきたのは同じ経験を過去にしているということであったが，同時に共通経験を持った場合はどうなるだろう．カナダの研究グループはマ

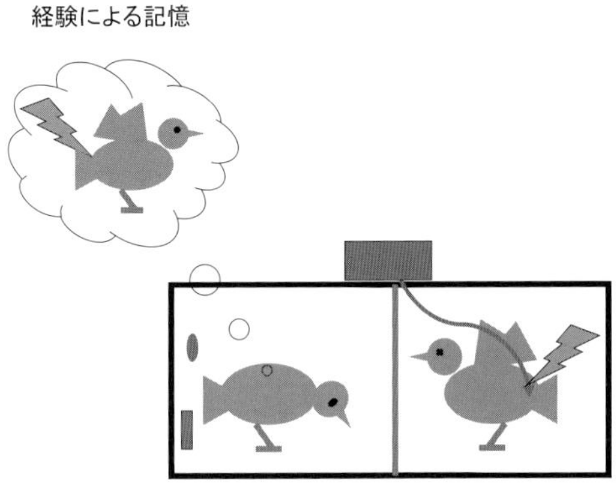

図 4.4　電気ショックを受けた経験があると他個体の痛み反応によってその記憶が活性化される

ウスの痛覚反応を使ってこの問題に取り組んだ[5]。マウスの足に低濃度のホルマリンを少量注射した。マウスは足をなめるなどの痛覚反応を示す。このとき仲間のマウスも一緒に注射されると痛覚反応が増進することを観察した。共通経験は負の共感を促進することになる。

しかし，面白いことに共通経験は負の情動を軽減させる場合もある。つまり仲間も一緒に酷い目にあっていると一人で酷い目にあっている場合より耐えられる場合がある。これは社会的緩衝ともいわれる。同じストレスでも，自分一人でストレスを受ける場合，皆で一緒にストレスを受ける場合で感じる強さが違う。マウスを使って，いくつかの方法でストレスの強さを測ってみた[6]。まずはストレスホルモンであるコルチコステロンを測定した。ストレスをかける方法としては拘束ストレスを用いた。これはマウスをアクリル製の筒に閉じ込めるもので，1匹だけの場合，仲間と一緒の場合でコルチコステロンを測定した。もちろんコルチコステロンは上昇する。しかし，仲間と一緒だと1匹だけのときよりコルチコステロンのレベルが低い。ストレスは軽減されたわけである。

今度はストレスの嫌悪性記憶（嫌な経験の記憶）に対する効果を指標として調べてみた。ちょっと不思議に思われるかもしれないが，ストレスが嫌悪経験の記憶の保持を促進することはよく知られている。マウスを用いて慢性摂食制限ストレス（お腹一杯食べられない）をかけた場合，受動回避条件づけ（電撃を避けるために実験箱の一方の区画にとどまらなくてはならない），能動回避条件づけ（電撃を避けるために実験箱の一方の区画から移動しなくてはならない）いずれの場合でも条件づけの効果が消去されにくい。つまり，いつまでも記憶が残っている。また，ストレスを与えるのではなく，直接コルチコステロンを注射しても記憶が促進される。したがって嫌悪記憶の増強効果はストレスの強さの指標になるのである。

まず，マウスに拘束ストレスをかけた。次いでステップ・ダウンの受動回避条件づけを行った。これは実験箱内に台があり，マウスが床に降りると電撃がかかるもので，一定時間台にとどまれば条件づけが成立されたとされる。次にマウスを強制的に床に降ろす。このときには電撃は与えられないので，床が危なくないことを訓練することになる。この訓練を消去という。その後でマウスを実験箱の台に乗せて床に降りるまでの時間を計測する。消去の効果が残っていれば，マウスはすぐ床に降りるが嫌悪記憶が強く残っていれば，降りるまでの時間が長くな

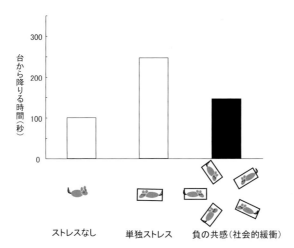

図 4.5　ストレスを受けると嫌悪記憶が増強され，台からなかなか降りなくなるが，仲間と一緒にストレスを受けるとその効果は弱くなる（Watanabe, 2011 を改変）[6]

る．その結果，拘束ストレスを受けたマウスはそうでないマウスより長く台にとどまることがわかった．すなわちストレス経験が嫌悪記憶を増強したのである．

しかし，拘束ストレスを仲間と一緒に行っておくとこの記憶増強効果はなくなる．この場合，筒で拘束されたマウスが4匹一緒に一定時間箱の中に入れられるので共通経験による共感によってストレス効果が軽減したとみることができる．そして，このことはコルチコステロンの測定結果とも一致する（図 4.5）．

さて，もう一つ違う方法でストレスを測定した．コルチコステロンの測定のためには採血しなければならず，採血自体が動物にストレスを与えるという難点がある．記憶に対する効果は現象としてはよく確認されているが，ストレスから記憶までの道筋がかならずしも十分に解明されていない．そこで，体温の測定を考えた．ストレスを与えると体温が上昇することが知られているが，体温測定のために何度も直腸に体温計を入れると，これもストレスの要因になり，また何匹かを測るとどうしても測定順序が問題になる．仲間が次々と測定された後で測定される動物のほうがストレスが強くなるからである．そこで赤外線サーモグラフを用いることにした．これなら，動物に負担をかけることなく瞬時に体温を測れる．

ストレスの方法としてはこれまでと同じ筒での拘束ストレスを用いた．あらか

じめ自由な状態で体温を測定しておき，それからマウスを筒に入れる．筒の上部にはスリットが入っていてこの部分は体表がむきだしになっている．ここからサーモグラフによる体温測定を行うわけである．1匹で筒に入れられると体温の上昇がみられた．ところが，4匹同時に筒に入れて体温を測ると，上昇がみられない．体温増加でも社会的緩衝がみられたのである．これらの結果はこれまでのコルチコステロン測定や記憶増進作用の結果と一致するものである．

b. 負の共感と救援行動

　動物が仲間を助けるというエピソードは数多く報告されているが，もし，他個体の負の情動が嫌悪的なものであるなら，仲間が積極的にこれを除去しようとし，その結果，見かけ上助けることになるとも考えられる．動物の救援行動を実験的に明らかにしたのはマースキィたちのサルの研究である[7]．電気ショックを受けた経験のあるサルが隣のサルにかかる電気ショックをレバーを引くことによって止めた，というものである．隣のサルの痛覚反応をみたり，聞いたりするのが嫌であるなら，それを避けるためにレバーを押し，その結果，隣のサルは電気ショックから逃れられたと考えられる．最近の実験では次のようなものがある．サルに電気ショックの信号となる音を聞かせる映像を，他のサルにみせる．信号を聞いたサルは当然これから電気ショックがかかると思って恐怖の表情を浮かべる．ビデオをみたサルがレバーを引けば電気ショックはかからない．このようにすると，表情の認知によって電気ショックを止めるようになる．

　ラットの実験もある[8]．ラットの実験箱に別のラットが天井から台に入れられてつられている．箱の中には小さなレバーがあり，つられていないほうのラットがこれを押すと台が降りてきて，ラットは解放される．別の条件では台にはラットがのっていない．明らかに仲間のラットが台に乗っているときのほうが数多くレバーを押す．ラットは仲間を下ろしてやるのだ．最近では小さな箱に閉じ込められたラットを別のラットが扉を開けることによって解放するという報告もある．これらの行動は仲間の負の情動が嫌なものであれば，これを助けることによって嫌な刺激がなくなるということによって説明できる．

　しかし，仲間の負の情動が嫌で，かつ自分の危険の信号にもなるのであれば，単にその場所から逃げればいいわけで，これまで説明した実験の行動は小さな実験箱で他に逃れられないという実験状況なのである．つまり，動物は仲間の痛覚反

応から逃れるためには仲間を助けるしかない．動物が痛がっている仲間から逃げることもできる状況での実験もある．直線の廊下の両端の箱にラットを閉じ込める．一方のラットは痛い思いをしており，他方は閉じ込められているだけである．第3のラットを廊下に入れてどちらの箱にどのくらいいるのかを調べると，痛い思いをしているラットのほうに長くいることがわかった．ヒトでも痛がっている人がいれば，まず近づいて声をかける．このように他者の痛覚反応は動物やヒトを惹き付けるものなのである．ドゥ・ヴァールはこれを前関心（pre-concern）と名づけた．彼によれば，前関心は文字通り関心があるだけで共感ではない．

　たしかに痛い思いをしている仲間に近づき，その原因を確かめることは自らの安全を図るうえで重要かもしれない．しかし，この行動には危険もある．仲間は捕食者に襲われているのかもしれないし，何かの感染症に罹っているのかもしれないからである．マウスに痛覚反応を起こさせ，仲間が近づくかどうか確かめた研究がある．腐臭を発する物質と痛がっている仲間を一緒に見せると仲間のマウスは近づかないことがわかった．場合によっては，痛がっている仲間を避けるのだ．

　ヒトの救援行動では，不幸な人をみるのが嫌だ，という以上に積極的に救援を行う．もちろん，これには社会的規範のようなものも関係するだろう．また，ある種の互恵関係がある場合もあるだろう．筆者はブラジルの湿地帯パンタナールで山火事にあったことがある．山火事の原因の一つは焼き畑だが，それ以外でも乾燥した樹木の摩擦熱によっても容易に火事が起きる．いよいよ火事が迫っていたロッジに近づいたときに，密林の中から大勢の現地人が出てきて消火活動を始めた．つまり筆者たちは救助されたのである．ロッジの主人によると，普段から彼らとは互助関係にあって，火事のときには救援に駆けつけ，一方現地人に病人が出たときにはロッジのエンジンつきの舟で町まで病人を運ぶことになっているとのことだった．このようにヒトの場合は互恵関係に基づく救援行動もある．

c. 負の共感による観察学習

　他人のすることをみて学習できれば便利だ．特に危険を伴う学習の場合はそうだ．天敵を覚えたり，毒のある食べ物を記憶したりするのにすべてを経験で覚えるとしたら効率的でないばかりか，自分自身を危険にさらすことになる．他者の行動から学ぶことを観察学習とか社会的学習とよぶ．実際にラットが仲間の恐怖

反応をみて何が危ない刺激であるのかを学習することが知られている．仲間がある装置の中で繰り返し電気ショックを受けるのを見せられたマウスは，自分がその装置に入れられるとすくんでしまう．逆に恐怖反応を示さない仲間をみせられるとすくみ反応は弱くなる．

より自然な行動としては鳥のモッビング反応がある．これはフクロウなどの天敵を大勢で囲んでさわぐもので，注意して観察していると都内の公園などでも見かけることがある．さて，まだ天敵を知らない生徒役の鳥に瓶などの危険でないものをみせる[9]．同時に先生役の成鳥にフクロウの剥製をみせる．生徒役と先生役の鳥はそれぞれ相手がなにをみているかわからないように工夫されている．先生役は剥製に向かってしきりに叫び声をあげ，生徒役はそれを聴くことになる．その後，生徒役の鳥に瓶をみせると，あたかも天敵にあったかのように叫び声をあげたのである．これは負の共感によって，危険な天敵の認知を学習したことになる．こうすれば自らは危険にさらされることなくどのようなものが捕食者であるかを学習できる（図4.6）．

危険な食べ物を覚えることも他者の経験から学ぶことが有利な学習である．毒キノコを覚えるのにいちいち食べていたのでは命がいくつあってもたりない．ある食べ物を食べさせた後に薬物注射で病気の状態にすると，その動物は以降，その食物を避けるようになる．食物嫌悪学習といわれる学習である．これを観察し

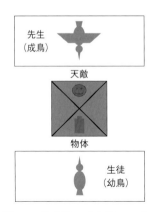

図4.6　先生役の成鳥がモッビング反応をすると生徒役の鳥は自分がみている物体を天敵として学習する

ていた仲間が同じようにその食物を避けることが鳥で報告されている．しかし，ラットなどでは結果が一致しておらず，観察学習が成立しない場合もある．ラットなどは基本的に新規な食べ物を避ける傾向（ネオフォビア）がある．ネズミがなかなか毒まんじゅうを食べないのもこのためである．したがって，ラットが学習するのは「安全な食べ物」であって，危険な食べ物ではない．このことは正の共感のところで詳しく説明しよう．

d. 負の共感と道徳

　仲間の負の情動が嫌悪的であるのは，それが自分にとってもなにかしら不安にさせるものであるからだと考えられる．抗不安薬で人工的に不安を取り除けば，このような共感はなくなるかもしれない．実際，ハトにおける隣のハトの痛覚反応による反応の抑制は抗不安薬を投与するとその量に依存して減少する．

　しかし，仲間に嫌な思いをさせたくない，ということは人間の道徳の起源であるとも考えられる．負の共感は広く人間に認められるものであり，人間の道徳の基盤であろうと思われる．よく知られている現象に戦場での発砲率がある．実は戦場においても敵兵に対して発砲する率は少ない．これまで述べてきたように他者に危害を加えることに抑制がかかることは負の共感からの当然の帰結といえる．ただし，負の共感のところで述べたようにこれは比較的容易に慣れてしまうものなのである．実際，米軍はベトナム戦争での発砲率の低さから戦場に兵士を送る前に発砲やその結果としての敵兵の死体などに十分慣れさせる訓練を行い，その結果，現在の米兵の発砲率は大幅に増加したという．また，社会心理学の実験でミリグラムが行った通称「アイヒマン実験」という実験では，被験者は実験者（権威者）の指示にしたがって，別の被験者（これはさくらであって電気ショックがかかったふりをする）にかなりの強度の電気ショックを与えてしまう．

　この他者を傷つけることに負の情動が伴うことはヒトに共通しており，文化，時代による程度の差はあっても一貫している．そのことから，ハウザーは言語が民族や時代を超えてヒトに共通であるようにヒトに共通する倫理があるのではないかと考えている．言語学ではこのようなヒトならだれでも持つ言語の基盤を普遍文法と呼ぶが，それと同じようにヒトには普遍道徳があると考えたのである．ダーウィンも社会的本能を持つ動物が道徳観念や良心を持ち得ることを論じているが，進化的起源としては仲間の不幸が自らの危険の信号であり，それを避ける

ということが根底にあり，それが機能的に独立して，道徳の基盤になったと考えられる．

4.4 正の共感

俗に「貧苦は共に出来ても，富貴は共に出来ない」という．他者の幸福を自分の幸福とするのは他者の不幸を悲しむより難しいことかもしれない．しかし，友人や家族の幸福を祝福し，一緒に喜ぶというのは普通にみられることである．ところが，この共感の動物研究は例が少ない．一つには動物の快感の測定が難しいという問題がある．一応は，動物がある状態を避けようとせず，その状態にとどまろうとすると快感があるものと考えられる．太陽の移動にしたがって日向ぼっこの位置を変えるネコはやはり日だまりが快感を起こすので移動してその状態を維持しようとする．

社会的な動物では仲間と一緒にいることを好むことが多い．T字型の迷路の端に遊ぶことのできる仲間を入れておくと子どものラットはその選択肢を選ぶようになるし，マウスも仲間をみるためにレバー押しをする．

a. 薬物が起こす快感の社会的促進

比較的，動物でも確認しやすいのが，2個体同時に正の情動体験をさせると情動反応が促進されるという社会的促進効果である．社会的促進の単純な例としては，単独で餌を食べるより，集団で食べるほうが摂取量が増えるというものがある．ただし，食べ物が少なければ，いわば競争的な事態になり，結果としてたくさん食べることも考えられる．また，集団で食べていたほうが単独でいるより食餌中に捕食者に襲われにくい，ということから集団で食べることを好む，ということも考えられる．

さて，さまざまな物質がヒトや動物に快感を起こす．薬物の効果を動物の行動を使って研究する行動薬理学という分野では薬の起こす快の測定が行われる．中枢作用を持つ薬物の中には快感を起こすものがあり（覚醒剤，麻薬など），これを調べるのは行動薬理学の重要な課題の一つである．方法としては条件性場所選好（conditioned place preference：CPP）というものがよく用いられる．これは環境の異なる区画（たとえば白い部屋と黒い部屋）からなる装置に動物を入れて自由に行き来させ，あらかじめそれぞれの区画での滞在時間を測定しておく．こ

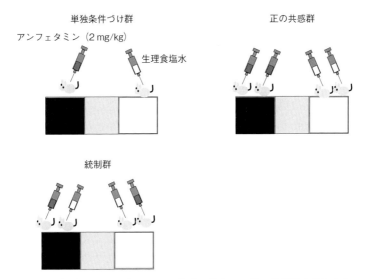

図 4.7 覚醒剤によって起こされる快感は仲間が一緒に覚醒剤を投与される（正の共感群）と強くなるが,仲間が同じ状態でないと（統制群）強くならない

れが動物の持つもともとの場所の好みである．ついで薬物を投与してある区画（たとえば白い部屋）に閉じ込め，別の日には溶媒を投与して別の区画（たとえば黒い部屋）に閉じ込めるということを繰り返す．つまり，白い部屋にいるときには薬を投与された状態であることを学習させる．その後，動物を自由に動き回れるようにしてそれぞれの区画での滞在時間を再び測定する．投与薬物は何らかの快を引き起こしていれば，その投与と結びついた区画での滞在時間が増加するはずである．

　覚醒剤のヒロポン（アンフェタミン）は快を起こす薬物の一つであり，この条件性場所選好という方法で顕著に快の効果が見いだされる．図 4.7 に示すように，マウスのアンフェタミン投与でこのことを確認した後，1 個体でなく 2 個体同時にアンフェタミンを投与する（正の共感群）．つまり,仲間と一緒に覚醒剤をうった状態である．その結果，アンフェタミンの部屋の滞在時間がさらに増大することがわかった．しかし，これだけでは単に仲間がいたからより快になったのかもしれない．そこで一方の個体にアンフェタミンを投与するときに他方の個体には生理食塩水を投与し，生理食塩水を投与するときにはアンフェタミンを投与するようにした（統制群）．つまり，仲間と一緒にいるが薬理的な状態は同じでない

ようにする．すると強化効果の促進はみられなかった[10]．つまり，他者と自己が同じ快の状態であるときのみ，薬の効果は大きくなるのである．ヒロポンのもたらす快感は仲間も同じ状態であるときにだけ増進するのである．人間でも喫煙や飲酒に社会的促進があることは知られているし，友人にすすめられて喫煙，飲酒を始めたというケースは多い．実際ラットでもアルコールを注射された仲間がいるとより多くのアルコールを摂取するようになる．面白いことに仲間に水を注射しておくとこのような促進は起こらない．まあ，しらふの友人とではあまり酒がすすまない，といったところだが，共通経験の重要性がよくわかる．逆に薬物を投与されていないマウスは薬物を投与されたマウスと一緒にいた部屋が好きにならない．まあ，自分が酒を飲まないで，他人が飲んでいるのをみても楽しくないのと同じである．しかし，もう少し考えてみるとお酒を飲む習慣のある人はお酒を飲んでいる人に寛容であるということもある．なにが楽しいかが自分の経験からわかるからである．

そこで，マウスがアンフェタミンを投与されている他個体を好むかどうかテストした．条件性場所選好の実験に似ているが，被験体になるマウスはまったく薬物の投与を受けない．一方の部屋ではアンフェタミンを投与された仲間個体と一緒になり，別の部屋では生理食塩水を投与された仲間個体と一緒になるというものである．被験体のマウスはアンフェタミンを投与された仲間と一緒にいた部屋を好むようにはならなかった．つまりアンフェタミン投与個体は正の効果を持たなかったのである．もう少し工夫してみた．被験体となるマウスにあらかじめアンフェタミンを経験させておく．つまり，アンフェタミンを注射される仲間個体と共通の経験をさせておく．このようにすると被験体のマウスはアンフェタミンを注射された仲間と一緒にいる部屋を好むようになったのである．前にハトに電気ショックの経験をさせておくと，他個体の電気ショックに対する反応で行動が強く抑制されることを示したが，それと同様に共感における共通経験の重要さがわかったのである．

これは，どんな薬物でも快感を起こす薬物では共通にみられることだろうか．覚醒剤が快感を起こすことは広く知られているが，もう一つ快感を起こすことがよく知られている薬物にモルヒネ（アヘン）がある．そこで共通経験による薬物の効果の社会的促進の一般性を探るためにモルヒネを用いて同じ実験を行った．不思議なことに2個体同時投与によるモルヒネ強化効果の増大は認められなかっ

た．アンフェタミンもモルヒネもヒトが乱用する薬物だが，ヒトでの乱用の様態をみると，前者がしばしば集団で摂取される（コカイン・パーティーなど）のに対し，後者はアヘン窟のようなところで単独摂取が多いように思われる．このような社会的効果の相違は乱用の様態を理解するうえでも今後よく検討する必要がある．

b. 正の共感による学習

危険なものを避けるのに負の共感による観察学習が有用であることを述べたが，正の共感によって自分の経験によらず好ましいものを学習することができる．よく知られているのは食べ物の選択で，ラット，サル，ウサギ，イヌ，ハムスターなどで食物の好みの社会的伝搬が報告されている．

ラットは仲間が新奇な匂い（たとえばカカオ風味）の食べ物を食べてケージに戻ると，同じ匂いの食べ物を選択するようになる（図4.8）．先に述べたようにラットは新奇なものをなかなか食べないという傾向があるが，仲間が食べていれば，それを食べるようになる．落語でお武家が河豚を貰ったが，食べるのが怖いので乞食に河豚をお裾分けするという話がある．乞食の様子をみにいくとどうも平気そうなので，それではといって食べ始める．宴たけなわに乞食がお礼の挨拶にきて，お武家が河豚を食べているのを見て「それでは，私どもも安心してこれから

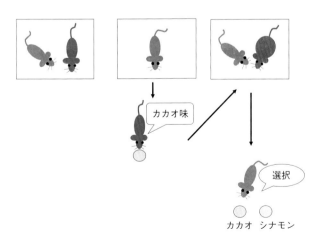

図4.8 新奇な食べ物を食べてきた仲間に接すると，ラットはその食べ物を選択するようになる

頂きます」と挨拶して帰ったという話がある．さて，ラットの場合は仲間が何か積極的に安全な食べ物を教えているのだろうか？　それとも単に仲間からその食べ物の匂いがするから，その食べ物を選ぶようになるのだろうか？　食べ物を食べて帰ったラットに麻酔をかけて，情報を伝えられないようにする．それでも食べ物の好みは伝えられる．今度はぬいぐるみのラットにカカオの粉を振りかけてみる．匂いだけは伝えられるわけだ．ところが，意外なことに食べ物の好みは伝わらない．秘密は匂いとともに仲間が排出する硫化炭素にあった．生きている動物は麻酔をかけられていても呼吸しているから硫化炭素を出すがぬいぐるみは出さない．この硫化炭素と匂いの組み合わせが「安全な食べ物」のシグナルになっていたのである[11]．硫化炭素は呼吸している，つまり生きていることの証拠であるので，これはなかなかよくできたからくりである．

c. 正の共感と援助行動

　動物の助け合い，というのも古くからの動物研究のテーマであり，エピソードとしては霊長類からラット，イルカ，カメまで多くの例が報告されている．鳥類や哺乳類では繁殖するときに親以外の個体（ヘルパー）が育児を助けることが知られている．たとえば，親鳥以外の個体がせっせと餌を雛に運ぶ．実際，このような助けがあると雛がよく育つことがわかっている．援助者は多くの場合血縁のある個体であり，したがって血縁のある子どもを育てることは自分自身の持つ遺伝子の伝搬に役立つからだと考えられてきた．しかし，最近の遺伝子解析で，必ずしも血縁がなくても援助行動がみられることがわかった．育児の経験が自分が育児をするときに役に立つ，とか，援助行動は他個体への自分の能力を示すことになる，とかいったことが考えられているが，必ずしも十分に解明されていない．ことによると，なんらかの正の共感による快感がこの行動をささえているのかもしれない．

　実験的には，他個体を苦しい状況から救出する行動は比較的よくみられるが，他個体に餌を分け与える，といった援助行動は観察しにくく，報告も一致していない．よく知られているのは吸血コウモリの例で，吸血に失敗した個体に，他のお腹一杯血を吸ってきた個体が血を吐き戻して分けてやる．当初は血縁個体同士だろうと考えられていたが，実はそうでもないらしい．さらにある個体が血を分けてもらうと，その個体が別の機会に逆に血を分けてやる．つまり，互恵の関係

があるらしい．そうなると，いわば貸し借りの関係になるが，血を分ける時点では，正の共感が働いているのかもしれない．チンパンジーやタマリンは他者に餌を分け与えることが少なく，フサオマキザルやマーモセットではよくみられるといわれている．正の共感は社会的促進としてはよくみられるが，援助行動の基礎になっているかどうかはまだはっきりしない．

4.5 逆 共 感

　ヒトの行動では他人の幸福を羨むという行動は残念ながらよくみられる．これは合理的な行動ではない．他者の幸福や不幸は自分の快不快と関係ないはずであるが，ヒトの社会的認知，特に自己評価は他人との比較に大きく依存している．幸不幸もこの相対的社会比較によって決まってくる．不幸な状態でも周りにもっと不幸な人がいればそれほどつらくないし，幸せでも周囲にもっと幸福な人がいればそれほど楽しくない．逆共感は，本来競合的な関係にある他者が「自分と比較して」より幸福であるときに感じるもので，次に述べるシャーデンフロイデと一体になっている．この相対的社会比較は自己中心的に考えれば不合理な判断であるがこの相対比較は集団内における自分の位置を見極めるのに必要なことであり，いわゆる「空気が読めない」という状況は社会的相対比較がうまくできない状態だと考えることもできる．

a. 逆共感と相対的社会比較

　このように考えると相対的社会比較はかなり高級な認知能力のように思えるがその原初的なものは動物研究でも認められている．カナダの研究グループはマウスのフォルマリン注射による痛覚反応を観察し，同じ注射を受けた他個体がいると痛覚反応が増強することを認めたが，自分が1％（弱い痛み），他個体が4％（強い痛み）の場合は痛覚反応が増えるが，逆に自分が4％，他個体が1％の場合には痛覚反応が減少することを発見した[5]．このことも自己と他者の状態の相対的な関係が重要な因子であることを示唆する（図4.9）．

　同じストレスでも，自分一人でストレスを受ける場合と皆はストレスのない状態なのに自分だけストレスを受ける場合で感じる強さが違うかもしれない．負の共感の社会的緩衝で述べたのと同じマウスのストレス実験を行った[6]．まずストレスホルモンであるコルチコステロンを測定した．1匹だけの場合と仲間は自

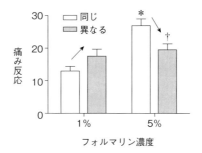

図 4.9 仲間が自分より強い痛み反応を示すと痛みは増強し，仲間が弱い痛み反応を示すと痛みは弱くなる（Langford et al, 2006）[5]

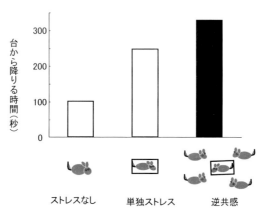

図 4.10 自分は拘束されるが仲間は自由だとストレスの嫌悪刺激はさらに増強する

由にしているが1匹だけ筒に入れた場合でコルチコステロンを比較した．もちろん1匹だけでもコルチコステロンは上昇するが，仲間は自由で自分だけ筒に入れられるとコルチコステロンのレベルは1匹でストレスを受けた場合よりも上昇する．他者との比較がストレスの強さを決めているのだ．これは逆共感に相当する．

今度は嫌悪性記憶に対するストレスの効果を指標として調べてみた[6]．まずマウスに拘束ストレスを連続7日間にわたってかけた．次いでステップ・ダウンの受動回避条件づけを行った．拘束ストレスを受けたマウスはそうでないマウスより長く台にとどまることがわかった．1匹だけを筒に入れ，他の拘束を受けない

3匹の仲間と一緒に箱に入れた場合には，ストレスの記憶増強効果は単独でストレスを受けるときよりさらに強くなる．ストレスを受けていない他個体の存在がストレスを増加させるのである．これはコルチコステロンの測定結果と一致する．つまり，自己と他者の状態の相対的関係がストレスの強さの重要な因子であることがわかる．自分だけストレスを受けるとストレスはさらに増強するのである(図4.10)．

「4.3 負の共感」で述べたように1匹で筒に入れられると体温の上昇が見られる．皆が自由なのに1匹だけ筒に入れた場合にはさらに体温の上昇が顕著だった．これらの結果はこれまでのコルチコステロン測定や記憶増進作用の結果と一致するものである．この逆共感の背後には不公平性嫌悪というものがあるように思われる．

フサオマキザルの実験をみてみよう[12]．フサオマキザルと実験者が物物交換を行う．サルが小石を実験者にわたすと，実験者はキュウリをサルに与える．もう1匹のサルにも同じような交換をする．次いで，一方のサルにはキュウリではなくブドウを与えるようにする．サルはキュウリよりブドウのほうがずっと好きだ．隣のサルがブドウをもらっているのをみたサルはキュウリの受け取りを拒否するようになったのである．キュウリだって食べられるし，何もないよりはよいはずだ．しかし，相対的社会比較によってキュウリの価値は著しく下がってしまう．これも不公平嫌悪の例だと考えられる．イヌを使った実験では，「お手」をするたびに報酬を与えた後で，報酬を与えるのをやめる，つまり消去する．そのときに隣のイヌには報酬を与え続けると早く消去されるという．これも不公平嫌悪を示すものかもしれない．面白いことに2匹のイヌがそれぞれ別の実験者が餌を与えるが，一方の実験者は他方より過剰に餌を与える．もし，不公平嫌悪が生じるなら，少ない餌をもらっていたほうのイヌにとってその実験者は好ましくないはずである．イヌに実験者を選ばせる実験をすると，そのイヌは過剰な餌を与えていたほうの実験者を選んだのである．この実験者のほうが沢山の餌をくれるかもしれないから合理的な判断といえなくもないが，イヌの不公平嫌悪がある種の制限内のものだと考えさせる研究である．

不平等というものは集団につきものである．ルソーは『人間不平等起源論』においてヒトの集団に不平等がいかにして生まれたかを論じたが，この「他者との見比べ」が，ルソーが「不平等の起源」として考えたことなのである．ヒトがい

かに幸せの絶対値ではなく相対値に重きをおいているかは数多くの社会心理学の実験が明らかにしている．わたしたちは不平等に対するある種の嫌悪感を持っている．

b. 正の不公平嫌悪はあるか

さて，先ほど述べたマウスにストレスをかけて体温を測る実験では，実はもう一つ別の群を設けた．仲間が筒に入れられているのに1匹だけ自由にしている条件である．これは明らかに公平ではない．しかし，自分が他より不幸なのではなく，自分だけが幸で他が不幸という不公平なのである．この状況はヒトの社会ではよくみられる状況であり，自分一人がいい思いをするのは居心地が悪い．ストレスがかかるといっていいだろう．しかし，マウスでは体温の上昇はみられない．同じように公平性に抵触する状況でも自分が幸福な場合にはストレスにならないのである．これはマウスだから起きるのかもしれない．ドゥ・ヴァールは実験中に実験者から過剰な報酬をもらったボノボは，実験に参加していない仲間がいると，報酬をもらうことを拒み，何ももらっていない仲間を実験者に指し示し，それ以上報酬をもらうことを拒んだというエピソードを紹介している．同じ仕事をしたのに自分だけ多額の給料をもらうのは正社員と派遣社員などの給料格差で結構現実には起きていることなのだろう．このようなときに一般的に正の不公平嫌悪が起きるかどうかは明白ではないが，正の不公平嫌悪が生じるのが文化というものかと思う．

c. 逆共感から嫉妬へ：ヒトの逆共感の特性

正の共感，負の共感が他者のいわば特定の情動表出によって起きる1次的なものであるのに対し，ヒトの嫉妬といわれるものはより持続的ともいえる．他人の特定の行動ではなく，その特定の個人に対して感じるからである．ヒトの嫉妬の場合は，他者のある特定の幸運が負の情動を起こすだけでなく，その他者全体が逆共感の対象になる．このことも合理的な判断ではないが，「江戸の敵を長崎で打つ」といった，嫉妬の対象が別の機会に不孝になることを望むようになる．ヒトのシャーデンフロイデが嫉妬と鏡の表裏のような関係にあるのは，このためである．

もう一つのヒトの逆共感の特性はその秘匿にある．ヒトは嫉妬や逆共感を感じ

ていることを認めたがらない．少なくとも嫉妬や逆共感の表出は社会的に抑制されている，いわば無作法なことなのである．しかし，さらに深読みすれば，嫉妬を認めることは競合相手より劣位であることを認めることになるので避けられる，とも考えられる．

　ヒトの嫉妬のもう一つの特性は性差が知られていることである．男は他者の収入や会社での地位，経済力などの側面に嫉妬するのに対し，女は若さ，美しさといった側面に嫉妬を感じる．これらについてはいずれも社会心理学の実験的検証があるが，たとえば白雪姫の継母が鏡に向かって「この世で一番美しいのは誰？」と問いかける場面を思い出してもらえればいいかと思う．これらのことはヒトの嫉妬の進化的要因の一つが配偶者選択にあることを示す．多くの動物では配偶者選択はメスによってなされる．子を育てることにはメスにより多くの負担がかかるからである．子の遺伝子の半分は配偶者からくるわけだから，コストのかかる育児をするメスは慎重にオスを選ばなくてはならない．選ばれるためにはオスは他のオスより高い地位や広いなわばりを持つ必要がある．しかし，ヒト社会では必ずしも女が男を選ぶ，というシステムになっていない．もちろん文化による違いはあるが，逆に男のほうに選択権がある場合もある．そうなると「選ばれるようになる」という圧力は男女ともにかかるわけで，嫉妬は男女とも競合相手である同性に対して感じることになる．

　嫉妬は下位のものが上位のものに対して感じるものであるから，上位のものは絶えず下位のものの嫉妬による危険にさらされていることになる．そのため，どのくらい意識的に振る舞うかは別として，上位のものは「嫉妬回避」の行動をとる．お金持ちのチャリティの一部はこのような嫉妬回避行動とも考えることができる．

4.6　シャーデンフロイデ：他人の不幸は蜜の味か

　他者の不幸が快感につながるというのはかなり高級な社会的認知といえる．たとえば捕食される場面などを考えると他者の不快な経験は自分の不快な経験の信号になる可能性があり，これを避けるのは合理的であろう．正の共感もその一部はある種の社会的促進とみることができる．一方，他者の不快が強化効果を持つことは論理的ではない．他者の不幸で快を覚えるためには，その他者と自分との社会的関係が重要になる．競合関係にある他者の不幸は当然歓迎されるものだが，

必ずしも直接競合的ではなくても他者の不幸が楽しいのがシャーデンフロイデといわれるものである．

シャーデンフロイデと逆共感は双子のようなものであり，どちらも「他者との見比べ」が基本になっている．自分（観察者）の情動は絶えず他者との比較によって決まってくるものであり，無関係の人からは十分幸せだと思われる状況でも，より幸せな人と見比べている当人は主観的に不幸せなのである．そして，逆共感を感じている自分より幸せな人に訪れる不幸こそがシャーデンフロイデを起こすのである．

a. シャーデンフロイデと社会的上下関係

ある認知心理学の実験では参加者に2種類のビデオをみせる[13]．一つはいかにも秀才の大学生が素晴らしい設備の実験室で仕事をし，ハーヴァード大学を闊歩したり，BMW に乗る．もう一つは普通の学生で，バスで通学し，見栄えのしない女子学生とピザを食べたりする．このビデオを見せた後で質問紙で嫉妬の程度を測る．次に，このビデオの学生が覚醒剤所持でつかまるというエピソードを見せる．そこで2回目の質問紙テストを行う．今度はシャーデンフロイデを測る項目が含まれている．その結果，最初のテストで嫉妬の程度が高いほどシャーデンフロイデも大きいということがわかった．つまり，自分より上位のものの失敗はより大きな喜びをもたらすのである．

筆者の研究室では痛覚反応を用いてマウスのシャーデンフロイデの可能性を検討している[14]．3区画からなる実験箱の一方にごく薄いフォルマリン水溶液を後肢に注射された個体を入れ，他方の区画に未処置の個体を入れる．中央の区画に被験体のマウスを入れ，どちらの区画にどのくらい滞在するかを測定した．この3個体はいずれもケージメイトである．あきらかに被験体のマウスはフォルマリンを注射された個体の側に多く滞在した．もし，より長く滞在することが強化効果を反映しているならば，マウスは他個体の痛覚反応を好んだことになる．つまりマウスはシャーデンフロイデを持っていたことになる．

この実験では個体差が大きいことが悩みの種だった．痛み反応のある個体のほうにいくマウスもいるが，無視する個体も，さらにそれを避ける個体もいる．先のヒトを被験者とした研究でわかるようにシャーデンフロイデが起きる要因の一つは相対的社会比較である．そこで，マウスの社会的順位も調べてみた．順位は

小さなチーズを2個体のマウスのどちらがとるかで判定する．もちろん，1回だけの対戦ではわからないから，何回も対戦させて上位個体，下位個体を決めておく．順位であるから，すぐ近くの上位もあれば，すごく離れた上位もある．そしてもっぱら下位のマウスに注目して，下位マウスが痛がっている上位のマウスのほうにいくかどうかを調べた．下位マウスは痛がっている上位マウスに接近する．上位マウスを被験体として調べると，痛がっている下位マウスに接近する傾向はみられなかった．シャーデンフロイデは下位が上位に対して感じるようなのである．

さらに，この順位の格差と痛覚反応を起こしているマウスへの接近反応を調べたところ，面白いことにちょっと上位の個体が痛覚反応を起こしているときによく接近反応が起きることがわかった（図4.11）．比喩的にいえば社長の不運はあ

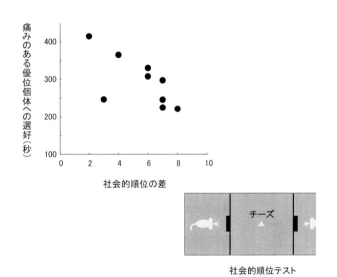

図 4.11 マウスのシャーデンフロイデは自分より少し順位が高い仲間に対して強く起きる

共感の種類	マウス	ヒト
負の共感	○	○
正の共感	△	○
逆共感	○	○
シャーデンフロイデ	△	○

図 4.12 ヒトとマウスの共感の比較

まり興味を引かないが直属課長の不運は多いに興味がある，といった現象なのである．上位他者の不幸は下位にとって下克上のまたとない機会なのである．捕獲のために野生のヒヒに麻酔薬を塗った矢を射ると，麻酔がかかり始めるやいなや他のヒヒがこれを襲うことが報告されている．階層のある社会では，階層を這い登る一つの方法は上位のものの失敗である．上位の失敗こそが自分が上位に立つ可能性を示すものであり，シャーデンフロイデを生み出すのだ．

　しかし，滞在時間が純粋に強化効果を反映しているかどうかに疑問が残る．フォルマリン注射後の個体の行動が被験体になんらかの探索行動を誘発していたら，見かけ上ではその個体の近くに長く滞在することになる．それは正の強化とは異なる機構である．そこで，フォルマリン注射個体と未処置個体の近くでの滞在時間を測定するのではなく，条件性場所選好を用いた実験を行った．環境手がかりが異なる3区画からなる実験箱で，それぞれの区画での滞在時間を測定する．次いで一方の区画でフォルマリン注射個体と一緒にし，別の日には別の区画で未処置個体と一緒にするという訓練を行う．その後，3区画での滞在時間を測定する．もしフォルマリン注射個体がアンフェタミンなどと同様に強化効果を持つならフォルマリン注射個体と一緒にされた区画での滞在時間が増加するはずである．一方，フォルマリン注射個体がなんらかの嫌悪的効果を持つなら，逆にその区画での滞在時間は減少するはずである．結果は滞在時間の減少であった．すなわち，フォルマリン注射個体あるいはその痛覚反応は探索行動を誘発し，他個体を引きつけるが，その他個体にとっては嫌悪的であって，そのような経験をした場所への選好は形成されない．このことは社会選好実験と条件性場所選好の結果の不一致なのだが，条件性場所選好のほうも実は個体差が大きい．選好が形成される個体もあれば，形成されない個体もある．そこであらかじめ社会定順位の測定をしておき，下位マウスを被験体とし，フォルマリン注射をされた上位マウスによる条件づけが形成されるかどうか，を検討した．やはり条件づけは形成されるのである．このことは，「下位マウスが上位マウスの不幸に正の情動反応を持つ」という意味でのシャーデンフロイデの存在を示すものである．

b. シャーデンフロイデと不幸の原因

　他者の不幸が負の共感を起こすか，シャーデンフロイデを起こすかを決めるものの一つに不幸の原因がある．他者の不幸の原因が他者自身にある場合，負の共

感は弱められ，シャーデンフロイデが起きやすい．有名なイソップの寓話で，夏の間に遊んでいたキリギリスが冬になって食べ物がなくなり，夏の間に働いていたアリに食物を分けてもらえなくなる．この場合，「因果応報」とか「自業自得」だと納得してしまい，負の共感は起きない．イソップの話は動物が主人公だが，不幸の原因に依存したシャーデンフロイデを動物実験で確かめるのはちょっと難しい．

4.7　共感の及ぶ範囲

これまで共感を他者の情動表出によって起こされる情動として考えてきた．しかし，この「他者」は必ずしも同じ種であるとは限らない．私たちは酷い扱いを受けているイヌやネコをみると心が痛む．動物に対する共感は家畜に限らないが，どの範囲で負の共感が起きるかには文化依存性がある．捕鯨に限らない嫌悪を覚えるが狐狩りには嫌悪を覚えない文化があり，しかも時代をさかのぼればその文化圏の人が熱心に捕鯨を行っていた過去があったりする．しかし，私たちの負の共感が種を超えて惹起されることは認めてよいように思われる．実験的にもヒトがペット犬の痛覚反応に負の共感を感じることが報告されている．しかし，正の共感の範囲はより狭いように思われる．ペットが喜んでいるのをみるのは楽しい．しかし，これがどの程度一般化できるかはかなり個人に依存すると思われる．この共感の範囲はヒトがどの程度他の動物を擬人化してみるかということにもかかわっている．おそらく，そもそもは同種に対する共感が，他種を同種のようにみることによって，他種にまで及ぶようになったと考えられる．

種を超えた救助行動もまた種を超えた負の共感を示すものである．エピソード的にはさまざまな救助行動がさまざまな動物種で報告されている．インパラをワニから救ったカバの話，アザラシが河でイヌを助けた話，ボノボが傷ついた小鳥を助けて梢から放した例，などなどである．ただし，実験的に確かめた例は少ない．サルは他のサルに掛けられる電気ショックを止めるが，相手がネズミの場合は止めない．捕食者と被捕食者の関係では負の共感などがあってはそもそも捕食関係が成り立たない．日本では魚の活き造りを食べる．「活きがいい」とは思っても気の毒とは感じない．まあ通常は多少ぴくぴくしている程度だが，あるとき田舎でイワナの活き造りを出され，そのイワナが身をくねらせて皿から逃げた．さすがにそのときは「早く死んでくれ」とひたすら祈ったものである．他の動物の痛

覚反応を避けたいというのは，かなり広範囲に通用する傾向かもしれない．共感の程度ということになると，負の共感も相手によって程度がかわる．動物においても他個体の親近性が一つの要因として指摘されている．正の共感の範囲は負の共感より狭いように思われる．血縁，帰属集団などが正の共感が及ぶ範囲を決める要因になろう．

　負の共感，正の共感が程度の違いはあってもある程度種を超えた現象であるのに対し，逆共感はより限定的である．普通の人間より恵まれた扱いを受けているイヌやネコ，莫大な遺産を相続するイヌやネコがいるが，それらを冗談の種にすることはあっても，嫉妬することはちょっと考えられない．逆共感はより限定的なのである．同じ種内であっても圧倒的な階層差があるスーパースターや王室などでは逆共感や嫉妬よりも憧れが生じやすい．同じようにシャーデンフロイデもその及ぶ範囲は狭い．むしろ個体間関係が逆共感やシャーデンフロイデの範囲を決定する要因になっている．

4.8　共感の進化的意義

　共感の進化的起源を探るのは大変な作業である．進化研究で定番の化石資料を使うことはできない．どうしても現存種の比較から進化の歴史を再構成する作業になる．さまざまな種類の共感をさまざまな種で調べ，それから進化史を再構成するのである．このような研究をするにはあまりにも得られているデータが少ない．そこで，①ヒトでみられる共感がヒト固有のものなのか，動物にもみられるものなのか，②動物でみられる共感の生物学的機能を考えることによって，ヒトの共感の生物学的起源を考察し，③ヒトの共感の特性を明らかにしたい，と思う．

　動物といっても主にげっ歯類のデータだが，ヒトの共感が動物でもみられるだろうか．

　負の共感は明らかにヒト以外の動物でも認められる．繰り返し述べているように仲間の痛みは自分にも降りかかるかもしれない危険の信号になりえる．これが嫌なものであり，避けようとするのは合理的である．この共感が異種間でも成立するのは種を超えた同じ危険があるからだろう．この共感はいわば生得的にあると思われるが，経験によって修正される．その際に，共通経験がおおきな役割を果たしている．そして，この負の共感こそがヒトの倫理道徳の生物学的基盤を形成していると考えられる．

4.8 共感の進化的意義

　正の共感は動物で示すものが難しいものの一つであるが，同じ情動反応の社会的促進として認めることができる．アンフェタミンの実験がその例である．また，自分がアンフェタミンを注射されていなくても，過去にその経験があればアンフェタミンを注射された他者によって正の共感が起きる．ただし，どのような場合にこのような正の共感が起きるかは今後の研究を待たなくてはならない．他個体の正の情動表出は，少なくとも「危険ではない」という信号にはなるだろうが，それ以上の積極的な機能が想定しにくい．ヒトにおける正の共感による社会的促進の重要な機能は集団の凝集性を高めることである．集団行動には多少ともそのような作用があり，仲間内の絆を高める．多くの民族に動作を同期化した踊りがみられ，仲間の絆の強化の役割を果たしていると思われる．これは長期的に持続するヒト社会で顕著にみられる．その進化的起源はおそらく正の情動の共通経験による促進にあると思われる．

　動物における逆共感は均一性への欲求であると考えられる．不公平への嫌悪，あるいは均一性への欲求はたとえば対捕食者行動としてみれば納得できる．周囲のものが自由に動けるのに自分が不自由であれば捕食されやすくなる．食べ物も自分だけ価値の低いものを摂取していれば生存上不利だ．動物での逆共感はおそらく一時的なもので，ヒトの嫉妬のように長期的かつ特定個体全体に広がるようなものではないように思われる．

　ヒトは「公平性」に強くバイアスがかかっており，特に自分が不幸で他者が幸福という状況は公平性に強く抵触する．ヒトはコストを払ってでも不公平なことをしている他者を罰しようとする．これ自体は，いってみれば不合理な行動である．先にヒトの機能脳画像研究で他人の痛い様子をみると自分が痛い場合と同じ脳部位が賦活されるということを述べたが，画像測定前にゲームをさせて，フェアでない（これはわざとする）相手であれば痛い様子をみてもこのような賦活がない．ヒトの嫉妬の特性は社会が長期持続的であるのと同時に記憶のスパンが長く，言語化することによって繰り返し逆共感を追体験できることから起きているのかもしれない．同じ不公平でも正の不公平の嫌悪はおそらく動物では起きないが，ドゥ・ヴァールが「私たちは公平性に大賛成だ――それが自分にプラスになるかぎりは」と記しているように，ヒトでも比較的起こりにくい共感であるかもしれない．正の不公平嫌悪が起きるのは文化，教育の結果かもしれないが，正の不公平が嫉妬を受けやすいので，嫉妬回避の方略として形成されたのかもしれな

い．

　シャーデンフロイデの軽いものは冗談として楽しまれる．他人の失敗を面白がるというのはある程度は社会的に許容されている．しかし，深刻な不幸になるとこれをおおっぴらに喜ぶのは社会的に禁忌とされる．つまりヒトのシャーデンフロイデは秘匿された正の情動なのである．すでに述べたように動物においても原初的なシャーデンフロイデは認められ，それは順位逆転の可能性を示唆するからだと考えられる．ヒトの場合も上位者の不幸がより喜ばれるといった同じような現象がみられ，シャーデンフロイデの基盤機能は社会順位の逆転の可能性を示すことにあると思われる．ただ，ヒトが動物と異なるのはそれを隠すことである．これはシャーデンフロイデの表出自体が攻撃を誘発する可能性があるからで，長期持続社会には必要なことである．

　ヒトの共感は他の動物に比べて複雑であるが，そのいくつかはあまり合理的とは思えない．社会学者で霊長類学者でもあるターナーによれば，サルの社会に比べてサバンナに進出した類人猿の社会は単純だという．ヒトが複雑な社会を形成するためには進化の過程で複雑な共感を獲得する必要があったのかもしれない．その結果，いわば社会維持のための共感がヒトにおいて発達したのかもしれない．

[渡辺　茂]

コラム 8　色模様で思いを表す動物

　企業などによる粉飾決済のことを英語で camouflage という．カモフラージュ．生物界では自身の存在を背景に溶け込ます「隠蔽(いんぺい)」として知られる行動．生物界随一の隠蔽の使い手と言えば頭足類である．頭足類は日本人には食材として身近なイカとタコ，そして，生きた化石と称されるオウムガイを擁する軟体動物の一群で，世界の海洋に 700 種ほどが生息する．イカとタコは鞘形類(しょうけい)とも呼ばれ，頭足類の主要な構成員である．彼らは，巧みに体色，パターン，そして体表の質感までも自在に変えることで，海底や地物，ときには他の生物にまで化けて自身の存在を環境中から完全に消し去る．まさに "the master of camouflage" である．しばしばその不祥事が発覚する企業の粉飾決済とは違い，頭足類は完璧な変化(へんか)を行う．

　頭足類の高度な隠蔽は，表皮に無数に分布する色素胞という細胞の働きによる．色素胞は一つひとつが筋肉と神経の制御を受け，体表全体で複雑で美麗な色彩とパターンを瞬間的に生み出すことができる．言わば，ラスベガスの夜に輝き流れるネ

オンサインのようだ．この体色変化の速さと複雑さは動物界では類例がないユニークなもので，その制御の大元締めは無脊椎動物最大の巨大脳．頭足類の脳の大きさは，相対サイズでみれば脊椎動物の中位クラスに相当する．また，この巨大脳により処理される外界情報の取入口は，ヒトの眼と酷似した精巧なレンズ眼．このような知的武具を持つことから，頭足類は学習や記憶に優れ「海の霊長類」とも呼ばれる．

　巧みに自身を隠蔽して脅威を回避する一方で，頭足類には意外とも思える一面がある．俗に「顔に出る」という言い方がある．自身の心のうちが，思いがけず焦燥の顔色として現れてしまうことであり，秘めた思い人を他人に言い当てられたときに顔が真っ赤になってしまう，などといった場合がそうだ．イカを水槽で飼育して観察すると，上から覗いた観察者の存在に気づいた彼らは，透き通る体色をパッと褐色に変え，後退しつつ10本の腕を閉じた傘のようにすぼめて観察者のほうをじっと窺うことがある．観察者の急な登場に「おっ！」と驚き，それが思わず「顔に出た」という感じだ．同じようなことは，水槽内のイカの群れにふいに投げ入れられた餌の魚に対しても示されることがある．魚を見つけたイカの体色がパッと暗化すると，周囲のイカたちの体色もきわめて速いドミノ倒しのように暗化する．思いがけない餌の登場に興奮した1個体の思いが他者にも伝染したのだろうか．

　ツツイカ目と分類されるアオリイカやヤリイカなどがつくる群れは，社会的集団である．群れの中では順位がつくられ，特定の個体同士が緊密なつながりをもつソーシャルネットワークが形成されている．個体と個体を仲介するハブの役割を演じているイカもいる．イカの社会も思いのほか複雑である．そんな中で，自身の思いを色彩パターンに乗せて伝達できるなら，それはたいそう便利なはずだ．発声能力を持たないイカたちは，色彩パターンの妙で意思疎通を図っていると考えられている．

　色彩を利用して自身を隠蔽しつつも，その思いのうちは同じ色彩で大胆に表現してしまう．相矛盾するシステムをもつ動物が頭足類でもある．　　　　　　［池田　譲］

コラム9　シャーデンフロイデの脳画像研究

　他人に不幸が起きると通常，私たちは共感や同情を示す．しかし，ときに反対にその不幸に対してほくそ笑むことがある．このような情動をシャーデンフロイデ（Schadenfreude）と呼び，日本語では「他人の不幸は蜜の味」とも表現される．シャーデンフロイデが生じるのは，不幸に見舞われた他人が妬みの対象になっているときである．そこで筆者らは妬みとシャーデンフロイデの神経基盤をfMRIを用いて検討した．

　妬みは他人が自己より優れたものを有しかつ，比較の対象が自己と関連性が高い

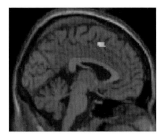 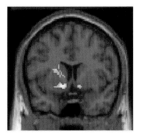

図 妬みとシャーデンフロイデに関連する脳活動(Takahashi et al, 2009 から改変)[1]
左:妬みに関連する脳活動.右:シャーデンフロイデに関連する脳活動.

と強まる.筆者らの研究で[1],まず,被験者は,本人が主人公であるシナリオを読んだ.主人公は男子大学生で成績や経済状況は平凡である.シナリオには被験者以外に,3人が登場する.男子学生 A は被験者より優れた物や特性(学業成績,経済状況など)を有している.かつ自己との関連性が高く,被験者と同性で,人生の目標や趣味が共通である.女子学生 B も被験者より優れた物や特性を有するが,学生 A と異なり自己との関連性が低い.女子学生 C は平凡で,かつ異性で自己との関連は低い.実験 1 では 3 人の学生像を提示したときの脳活動を fMRI で検討した.学生 A に対して最も強い妬みが報告され,学生 A に対する前部帯状回の活動が最も強かった(図左).

次に学生 A と学生 C が不幸に見舞われたときの脳活動を計測した.学生 A に起こった不幸に関しては,うれしい気持ちが報告されたが,学生 C には報告されなかった.対応するように学生 A に起こった不幸に対して線条体の活動(図右)を認めた.さらに実験 1 で妬みに関連した背側前部帯状回の活動が高い人ほど,他人の不幸が起きたときの腹側線条体の活動が高いという相関関係も認められた.身体の痛みに関係する前部帯状回が心の痛みの妬みにも関与していることは興味深い.妬みの対象の人物に不幸が起こると,自己の劣等感が軽減され,心の痛みが緩和される.線条体は報酬系の一部であり,物質的な報酬に反応することは知られていたが,妬んだ他人に不幸が起こると,あたかも蜜の味を楽しんでいるような反応が確認され,物質的な喜びと社会的な喜びの脳内過程も共通する面が多いことが確認された[2].

[高橋英彦]

文　　献

1) Takahashi H, Kato M, Matsuura M, Mobbs D, Suhara T, Okubo Y：When your gain is my pain and your pain is my gain: neural correlates of envy and schadenfreude. *Science* **323**(5916)：937-939, 2009.

2) Lieberman MD, Eisenberger NI : Pains and pleasures of social life. *Science* **323** (5916) : 890-891, 2009.

5
情動脳の進化：さまざまな動物の脳の比較

5.1 情動脳：情動にかかわる神経基盤の進化

　情動は脳によって生み出される心のはたらきである．私たち人間が，喜んだり，悲しんだり，怒ったりできるのは，私たちが心というものを持っているからであり，それを支える脳神経を持っているからである．はたして，ヒト以外の動物が私たちと同じような情動を経験する心を持っているかどうかは，神経学，心理学，哲学など多様な分野にかかわって一筋縄ではとらえられない．しかし，動物の持っている脳神経を調べてヒトの脳神経に似ているかどうかを比べることは可能だ．事実，情動の調節にかかわる神経系の研究は，ヒトだけでなくヒト以外のさまざまな動物種を対象として行われている．本章では，特にヒトの脳との多くの共通性を持つ脊椎動物の脳のうち，情動の調節にかかわる神経基盤を概観してみようと思う．そうすることによって，情動に関与する脳構造がヒト以外の動物に存在することを明らかにし，さらにそのような情動脳が脊椎動物の中でどのように進化してきたのかを検討したい．

　情動脳，あるいは脳の進化といえば，「私たちの脳の奥深くには，原始的な魚類の脳がある，本能をむきだした爬虫類の脳がある」といったことを聞いたことのある人も多いだろう．これはなかなか広く一般に信じられているが，そもそもはポール・マクリーンの三位一体説という考え方に由来している[1]．三位一体説によれば，ヒトの脳というものは三つの構造に大別できるとされる．本能などをつかさどる原始的な脳である「爬虫類脳」がまず脳の基底にある．その上にかぶさるように情動をつかさどる「哺乳類脳」があり，さらに理性をつかさどる「新哺乳類脳」が全体を覆っている，というのである．すなわち，ヒトは進化によって生命維持のための原始脳から，次第に高次の処理を担う情動脳を獲得し，ついには理性的な脳の表面を覆う大脳新皮質を獲得した，という考え方である．この

考え方は直感的にわかりやすく，現在でもさまざまな文献（特に一般向けの科学，教育，心理学の書物）で言及されているのをみることができるが，進化の観点からは非常に大きな問題を含んでいる．

　三位一体説の問題は，「進化の梯子」というまちがった考え方に陥っていることにある．すなわち，下等な脊椎動物である魚類から両生類がうまれ，さらに爬虫類や鳥類を経て哺乳類が誕生し，その中からサルが登場してチンパンジーとなり，最終的に最も高等な動物であるヒトが誕生した，という見方である．実際の進化は，「進化の梯子」のいうように，動物がきれいに一列に並んだかのように，下等な動物から高等な動物に順繰りに進化してきたわけではない．

　では，そもそも進化とはどのようなものなのだろうか．進化論の基礎となる自然選択による進化について手短に述べてみよう．自然選択による進化とは，ある形質について，①個体差があること（変異），②その変異によって個体の生存率や子を残す率が異なること（選択），③その変異が親から子へ伝わること（遺伝）によって生じる，世代を経た形質の変化のことである．たとえば，ある鳥のくちばしの長さに個体差があり，その長さが子に遺伝するとき，くちばしが長い個体のほうが食物を得るのに有利となれば，くちばしが短い個体よりも生存率が上がり，多くの子を残し，結果的にくちばしの長い個体が世代を経て増えていくだろう．つまり，進化とは，個体と環境の相互作用の結果，ある形質が世代を経て増減するということを述べているのであって，必ずしも単純（原始的）なものから複雑（高等）なものへの変化という意味は含まないのである．したがって，脊椎動物の脳の進化についても，原始的な脳から高等な脳へ，「梯子」を上るように変化したと仮定することは禁物である．

　また，「進化の梯子」のもう一つの重大な誤りは，サルからチンパンジーがうまれ，チンパンジーがヒトになったというような，ヒトを頂点として現生動物を一直線上に配置してしまう考え方にある．実際には，チンパンジーとヒトには共通祖先となる種があり，この共通祖先から分岐して現生動物であるチンパンジーとヒトが登場したことになる．つまり，進化とは梯子状の一直線の変化ではなく，分岐を繰り返す樹形状の変化であり，現生動物はすべて進化の頂点に位置しているといえる．同様に，脳が進化する際にも，共通な祖先に存在していたであろう脳構造が，それぞれの環境に応じて進化した結果が，現存する動物の脳と考えるべきである．爬虫類，ヒト以外の哺乳類，そしてヒトの脳がそのまま，ヒトの進

化の歴史を再現しているわけではない．

　その意味で，さまざまな動物の脳を研究することは，原始的な脳から発達した脳への過程をたどろうとするものではない．むしろ，それぞれの動物が，それぞれの環境に応じて，どのように脳を進化させてきたのかを比べるところに意義があると筆者たちは考えている．そのことによって，私たちは，ヒトを含む，いろいろな動物の脳の，独自性や特殊性を検討することができるだろう．

　ところで，マクリーンは，三位一体説において，「哺乳類脳」と呼ばれる領域が情動をつかさどっているとし，それを「情動脳」とも呼んだ．本章のタイトルは「情動脳の進化」であるが，本章の情動脳が指すものは，マクリーンの「情動脳」とは異なるので，ここで明確にしておきたい．マクリーンが「情動脳」と呼んだのは，大脳の辺縁系という領域で，この領域は記憶に関与する海馬や情動の生起に重要である扁桃体という部位を含んでいる．しかし現在では，辺縁系だけでなく，さまざまな脳領域が情動に関与することが明らかになっており，ヒトの場合はマクリーンが「新哺乳類脳」あるいは「理性脳」と呼んだ大脳新皮質も関与していることがわかっている．よって本章では，情動脳という言葉を，大脳辺縁系のみを指すものではなく，情動の処理にかかわる脳部位の総称としてより広い意味で用いることとする．

5.2　情動脳の発見

　古代ギリシャ哲学にさかのぼるまでもなく，情動の内省的な研究がヒトを対象に広く行われているのはもちろんだが，情動の神経基盤の近代研究が発展するきっかけとなったのにはいくつかの重要な動物研究が存在する．それらを紹介しよう．

　情動は快と不快の二つに大別できる．快といえば，たとえば喜びの感情であり，不快といえば恐怖や怒りである．そもそも快や不快といった情動的経験は主観的なものであるが，これから述べるような巧みな手続きなどを利用することで，動物実験によっても，そういった内的な，心の動きにかかわる神経基盤を研究することができると考える研究者も多い．

　快の情動にかかわる神経基盤で，特に研究がなされているのは報酬系と呼ばれる構造である．動物実験による報酬系の研究は，そもそも B.F. スキナーによって開発されたスキナー箱と呼ばれる実験装置を用いて行われることが多い．スキ

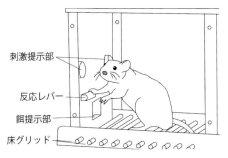

図 5.1 スキナー箱の模式図
動物が押す反応レバーのほか，光や音などの刺激，餌などの報酬を提示する装置が備わっている．床グリッドから微弱電流を流すこともできる．

ナー箱は，動物を入れる実験箱の中に，レバーなどの動物が操作するためのスイッチと，報酬としての餌や砂糖水などを動物に提示する部分で構成される（図 5.1）．このスキナー箱に，空腹な，あるいはのどの渇いた動物を入れると，その動物はスイッチを操作して餌や水などを得る行動を繰り返すようになる．これは，スキナーをはじめとする行動分析の分野では，オペラント行動と呼ばれ，餌や水がスイッチの操作に対する報酬として機能し，スイッチを押す行動が獲得・維持されていると考えることができる．

このようなオペラント行動を支える神経構造が明らかになったのは，カナダ，マギル大学の心理学研究室における，ジェームズ・オールズとピーター・ミルナーによる偶然の産物であった．オールズとミルナーは，このオペラント箱を用いて実験をしていたところ，たまたま報酬系に関する発見をすることになったのである[2]．彼らの実験では，ラットがレバーを押すことで得られるのは，餌ではなくラット自らの脳に埋め込まれた電極による脳の局所的な電気刺激であった．この手続きは現在，脳内自己刺激と呼ばれる．オールズとミルナーは，覚醒と学習に関する脳幹の構造に電極を挿入しレバー押し反応がどのように変化するかを研究していた．ところが，脳幹の代わりに，あやまって大脳の一部位（中隔核）に電極が挿入されてしまった．すると，電気刺激に対しラットはほとんど休むことなく（実験中の 75〜85% の時間）レバー押しに費やしたのである．一方，電気刺激がなくなると，ぷっつりとレバー押しをやめてしまった（実験中の 6〜21% の時間）．これは，この部位に対する電気刺激が，餌や水のような，あるいはそれ

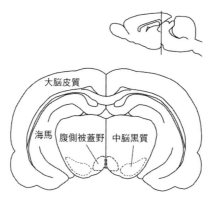

図 5.2 ラットの腹側被蓋野付近の脳の断面図
右上は，脳を側面からみたときの断面の位置を示している．

以上の報酬，あるいは快であったことを意味している．この偶然の発見は，その後の報酬系の脳構造の研究の端緒となった大発見であった．

その後の研究の発展により，報酬にかかわっているのはたった一つの部位（中隔核）だけではなく，それ以外の大脳のさまざまな領域が関与しているのが明らかになった．それらの部位に共通しているのは，脳幹の中脳にあるドーパミンを伝達物質として使うニューロンの一群，特に腹側被蓋野と呼ばれる構造からの投射を受けているという事実であった（図 5.2）．この中脳ドーパミン系こそが報酬と，その到来の予測にかかわる神経基盤であり，快の情動と密接にかかわっていることが明らかになったわけである．

不快の情動にかかわる神経基盤はどのように研究されてきたのだろうか．ハインリッヒ・クリューバーとポール・ビューシーは，1939年，大脳皮質の側頭葉の部分を切除したアカゲザルの行動変化を報告している[3]．彼らによると，側頭葉切除の結果，サルは視覚的にものをみることはできるが，それを正しく意味づけすることのできない精神盲のような症状を示したという．それは，ヘビやネコなどの動物のモデルや，鏡や捕獲機などの物体をサルにみせ，それらに対する情動的反応を切除前と切除後で調べたのである．こういったモデルや物体は，手術前なら，怖がったり逃げたりといった情動的反応を引き起こすものである．ところが，側頭葉を切除されたサルは，こういったモデルに対しても，躊躇すること

なく接近する傾向を示した．さらに，サルがモデルに触れて確かめる際に，口でくわえたり，かんだり，なめたりする口唇傾向が強く認められた．このような，側頭葉の損傷による情動反応の異常は，この報告の筆者らの名前から，クリューバー–ビューシー症候群と呼ばれるようになった．

クリューバー–ビューシー症候群のサルは，本来は恐怖反応を示すようなヘビのモデルなどに対して恐怖反応を示さず，口でくわえたりするようになることから，不快という情動の処理に異常が生じていると考えることができる．クリューバーとビューシーの研究は側頭葉の広い領域を除去するものであった．現在では，皮質下の辺縁系，特に扁桃体という構造の損傷によってクリューバー–ビューシー症候群と同様の症状が起きることがわかっている．扁桃体は目の前の物体の価値を判断し，その物体に対して情動的反応をするか否かを決定する，不快の神経基盤の重要な構成要素であると考えられるようになった．

5.3 ヒトの情動脳

神経科学研究では，特に快（喜び）については報酬系，不快（恐怖）に関しては辺縁系の仕事が多くなされてきた．おもしろいことに，こういった研究は，それらがまったく独立した系ではなかったことを明らかにしてきている．快や不快の情動をつかさどる構造は，たとえば大脳皮質の前頭前野や自律神経系などを通じて互いに影響しあっているのである．本節では，これらの系の働きについて，ヒトの研究で明らかになった知見を紹介する．

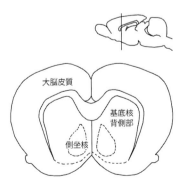

図 5.3　ラットの側坐核付近の脳の断面図

オールズとミルナーは，ラットを使って中脳に分布するドーパミン・ニューロンが快の情動と密接にかかわっていることを発見した，と述べた．中脳ドーパミン・ニューロン群は，ラットだけではなく，ヒトを含めた多くの脊椎動物で確認されており，その線維は中脳から大脳のさまざまな領域に向かって投射していることがわかっている．特に哺乳類では，腹側被蓋野にある神経細胞体から出た神経線維は脳幹を通って，皮質下にある大脳基底核腹側部，特に側坐核（図5.3；中脳辺縁系路）や大脳皮質の中でも前頭前野（中脳皮質系路）に到達し，そこでドーパミンを伝達物質として放出している．

　ヒトの中脳ドーパミン系も，やはりラットと同じような機能を備えているのだろうか？　動物実験では，脳に電極を差し込んで刺激したり，局所的に破壊してからどのように行動が変化するかをみることで，特定の脳領域がどのような機能を持っているかを調べることが行われている．当然ながらヒトを対象としてそのような実験をすることはできない．ヒトでは，機能的核磁気共鳴画像法（fMRI）や陽電子断層撮影法（PET）といった非侵襲的な手法が多く使われている．これらを利用して，どのようなときに中脳ドーパミン系が活動するかが調べられてきた．その結果，確かにヒトでもこの系が，報酬行動に重要な役割を担っていることが明らかになってきた．ただしヒトの場合，単に食べ物や水のような報酬だけでなく，ヒトならではのなかなかおもしろい実験が行われている．たとえばアロンらは，強い恋愛感情が中脳ドーパミン系の活動を伴うかどうかをfMRIによって調べた[4]．彼らの実験では，強い恋愛感情を抱き始めて1カ月から17カ月が経過した男女に，恋愛感情の対象となる人物の写真と，恋愛感情の対象ではないが近しい人物の写真を交互にみせ，そのときの脳活動が比較検討された．その結果，恋人の写真をみたときだけに活動する脳領域があるというのである．それは，中脳ドーパミン・ニューロン群（特に腹側被蓋野）と大脳基底核（特に尾状核）であった．ということは，ヒトが恋人をみるとき，ほかの報酬を前にした動物のように，中脳ドーパミン系が盛んに活動を始めるのではないかとも考えられるわけである．

　近年，フェイスブックやツイッターなどのソーシャルメディアが人気を博している．ひとたびサイトを開けば，さまざまな人が，どこで何をした，何を食べたといった個人的な経験を書き込んでいるのを目にすることができる．ふつうの会話では30〜40％だが，ソーシャルメディア上の発言では実に80％が，自分自身

の主観的経験を他者に伝えるためになされているとされる[5,6]．さて，このようなヒトの自己開示の傾向は，ヒトにとっては自己開示それ自体が心地よく，つまり報酬的であることを示唆しているのかもしれない．fMRIを用いて，実際に自己開示的状況での脳活動を調べてみた実験がある[7]．実験参加者は，食べ物の好みや毎日の活動などのありふれた質問について，自分自身に関して，もしくは他人であるアメリカ大統領に関して（推測して）答えるように求められた．また，質問項目の半数は，回答内容が実験者にすら知らされない"プライベート項目"，もう半数は，参加者とともにやってきた参加者の友人に回答内容が知らされる"共有項目"とされ，参加者はこれから回答する質問がどちらの項目なのか知ることができた．実験の結果，中脳ドーパミン系の腹側被蓋野および大脳の側坐核で，自分自身について回答したときに，アメリカ大統領について回答したときよりも強い活動が認められた．これらの領域は，質問項目がプライベート項目よりも共有項目のときにより強く活動した．ということは，ヒトが持つ自己開示的傾向は，中脳ドーパミン系の活動による快の情動を伴っているといえるのかもしれない．

　さてここで，少し，そもそも快・不快の情動の持つ行動上の意味を考えてみよう．なぜ，快・不快という情動が存在しているのだろう．単純に考えてみれば，私たちが何らかの行動をして，その結果，報酬を得るとき，私たちは快の情動を経験する．しかし，ほかの行動をして，罰を受ける可能性もある．不快である．さて，将来，再び，この二つの行動の選択を迫られた場合，私たちはどうするだろう．無論，快に結びついた行動を選び，不快な行動を避けるだろう．一見，さまざまな場面での行動の選択は論理に基づいた理性によって行われると見なされがちであるが，実は快・不快の情動の神経回路も深く関与していると考えて間違いはないだろう．

　たとえば，ギャンブルに関する意思決定，行動選択の脳神経基盤を調べた実験がある．一般に私たちは損失に鋭敏であり，ある選択の結果，収益と損失の両方の可能性があるギャンブル的場面では，その選択を回避しようとするリスク回避的傾向を持っているという．ギャンブルを模した意思決定課題を用いて，どのような脳領域が活動するかを調べた研究者らがいる[8]．実験参加者は，ある額の金銭を得られるか失うかが50％の確率で決定される場面で，そのギャンブルを受け入れるか拒否するかを判断することが求められた．参加者に提示される額は，10ドルの収益か，20ドルの損失かのような非常に不利な組合せから，40ドルの

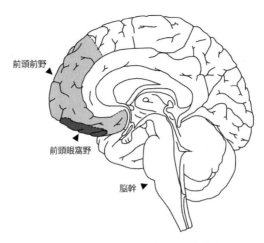

図 5.4 ヒトの脳の側面からの断面図
前頭前野,前頭眼窩野,脳幹の位置関係を示している.

収益か,5 ドルの損失かのような非常に有利な組合せまで,さまざまに変化した.当然ながら,参加者の判断は,有利な組合せのときほどギャンブルを受け入れる確率が高まった.参加者がギャンブルを受け入れるか否かを判断するときの脳活動を fMRI によって調べると,収益の可能性が大きいときは,「理性的」な大脳皮質の前頭前野(図 5.4)ばかりでなく,報酬系の中脳ドーパミン領域,そして,大脳基底核での活動が高まった.興味深いことに,損失の可能性が大きいときの判断においては,不快に関与する扁桃体の活動は有意に変化せず,上述の領域の活動の低下によって特徴づけられた.ということはヒトのリスク回避的傾向は,不安や恐怖をつかさどる扁桃体ではなく,快の情動と密接にかかわる中脳ドーパミン系の活動変化に影響されているとも考えられる.

　快の情動をもたらす刺激として,ヒトに特有と考えられるものの一つに音楽がある.音楽は,具体的な形を持たず,食べ物のように生存に直接かかわることもない抽象的な刺激である.しかし我々は好んで音楽を聞くし,金銭を支払って好みの音楽を購入したり,ライブ鑑賞をしたりする.音楽を聴いているときにどのような生理的な変化が生じるか,そして金銭を払って購入するかどうかの決断における脳の働きを調べた一連のレポートがある[9].まず実験参加者は,音楽を聴いている間,その楽曲に対して感じている快の情動の強さを,ニュートラル,弱い喜び,強い喜び,ゾクゾク感(chills)の四段階で継時的に評価し続けた.こ

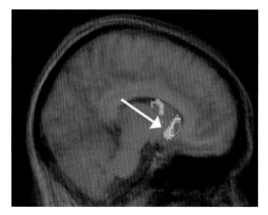

図 5.5 喜びを感じる音楽を聴くと，大脳基底核でドーパミンが放出される（Salimpoor et al, 2011）[9]

のときの情動喚起の指標となる各種生理反応（皮膚コンダクタンス反応，心拍，容積脈波，皮膚温度，呼吸）をモニターすると，喜びの強さとの間に強い正の相関が認められた．好みの音楽を聴くことで，実際に生理的な変化を伴う情動的な喚起が生じるといえる．

次に研究者らは，喜びを感じる音楽とそうでない音楽を聴いているときの脳活動を検討した．実験参加者が喜びを感じる音楽とそうではない音楽を聴いているときを比較すると，喜びを感じる音楽を聴いているときに大脳基底核でより強いドーパミンの放出が認められることがPETを用いた実験で明らかになった（図5.5）．また，好きな音楽を聴いているときの情動的な快のピークはゾクゾク感としても自覚されるが，彼らはゾクゾク感を感じる前後の脳活動をfMRIで調べ，ゾクゾク感を感じる前の予期の段階では基底核の中でもまず尾状核が活動し，ゾクゾク感を感じている最中は側坐核が活動することを明らかにした．

次に，実験参加者が初めて聞く音楽について，その曲を自費でいくらでなら購入するかを判断させ，そのときの脳活動をfMRIによって検討した．その結果，側坐核の活動の強さが支払額と最も強く相関した．つまり，側坐核が活発になればなるほど，その人が支払おうという額も増えるわけである．一方で，大脳皮質のうち，中脳ドーパミン系と深く関与している腹内側前頭前野，前頭眼窩野，そして扁桃体では，金銭を支払う価値があると判断されたかどうかにかかわらず，音楽を聴いている間に一貫して活動が高まった．さらに重要なことには，これら

の領域では，楽曲に金銭を支払う価値があると判断されたときに，側坐核との機能的連絡が強まった．ということは，音楽に対する快の情動の生起には報酬系の側坐核の活動が重要であるのはもちろん，前頭前野や扁桃体といったネットワークと側坐核との相互作用によって楽曲の価値が決定されていることが示唆される．

　このようにヒトの認知や行動と脳活動の相関関係を検討するにはPETやfMRIのような装置を使うこともできるが，それ以外の方法もある．てんかん治療のために海馬を含む脳領域を切除され，記憶に障害が生じた症例HMのように，病気や手術などで脳に比較的局所的な損傷を受けた患者の症例研究も積極的に行われてきた．

　ベシャラらは，きわめてまれな病気であるウルバッハ-ビーテ病によって両側の扁桃体が石灰化した女性患者SMについて報告している[10]．彼らはこの患者SMに緑，青，黄，赤のスライドをランダムな順で複数回提示した．このうち，青いスライドだけが条件刺激となっており，提示の直後に驚愕反応を引き起こす100デシベルの汽笛音が無条件刺激として提示された．これらの刺激の提示に対する情動的反応の強さは，皮膚の発汗量を反映する皮膚コンダクタンス反応によって測定された．一般的には，このように条件刺激と無条件刺激の対提示を繰り返すと，初めは無条件刺激に対して生起していた反応が，条件刺激に対しても生じるようになる．つまり，青いスライドに対して恐怖反応が条件づけられたということである．健常な実験参加者の場合，条件刺激である青いスライドの提示に対しても皮膚コンダクタンス反応が強まり，正常な恐怖条件づけが確認された．一方SMは，青いスライドの後に汽笛音が対提示されることを正しく認知することができたにもかかわらず，青いスライドに対して皮膚コンダクタンス反応が上昇せず，恐怖条件づけが成立しなかった．だが汽笛音自体に対しては皮膚コンダクタンス反応が上昇したので，皮膚電位反応そのものの異常ではない．したがって扁桃体が感覚刺激と情動の連合のために重要であることがわかる．

　我々は，他者との間にある程度の空間的な距離をとる傾向があり，それよりも近い距離に他者が近づくと不快を感じる．この不快を感じる境界の距離はパーソナル・スペースと呼ばれる．多くの人は，混雑した電車やエレベーターで他人と向かい合わせになってしまったときの不快感を容易に思い浮かべることができるだろう．では，SMのパーソナル・スペースはどうであろうか．彼女が向かい合っ

た同性の実験者との間にとるパーソナル・スペースを調べると，2者のあご間の距離が平均34 cmだった．SMと年齢，性別，人種，教育レベルが同じ健常者では平均64 cmだったので，SMのパーソナル・スペースは健常者のおよそ半分にまで縮まっていることになる．また彼女は，たとえ面識のない男性が彼女と鼻と鼻が接する距離で直接，目と目があっても，それが快適であると評定し，パーソナル・スペースの侵害による不快感のほとんど完全な欠如を示した．一方，彼女は他のヒトのパーソナル・スペースが自分より広いことを知識としては理解していたので，近すぎる位置に立つことで実験者に不快な思いをさせたくないと話したという．SMの実験から，パーソナル・スペースの侵害による不快の情動の生起には扁桃体が強くかかわることが示唆される．

SMは他にもさまざまなテストを受けている．彼女は顔写真の表情から情動を読み取るテストで，恐怖の表情を読み取ることができなかった．SMは，未知の人物の顔写真をみて，その人物が近づきやすいか，信用できるか問われると，たいていの健常者が近づきにくくて信用できないと判断した顔写真に対して，有意に近づきやすい，信用できると判断した．また，前述の，ある額の利益と損失が50%の確率で決定されるギャンブル課題をSMに課すと，健常者と比べて損失額の大きい不利なギャンブルを受け入れる確率が高く，リスク回避傾向の減少が認められた．さらに，彼女は生きたヘビやクモをみせられても，お化け屋敷に連れていかれても，怖い映像を見せられても恐怖を感じなかったという．これらの研究の結果は，扁桃体が社会的場面での不快の情動を伴うような価値判断や，恐怖の生起に重要な役割を果たすことを示している．

では，扁桃体を損傷されると恐怖の感情は完全に失われてしまうのだろうか．そうではないらしい，というレポートがある．SMに高濃度の二酸化炭素を吸わせた際の反応を検討したのである．健常の被験者はそのような混合気体を吸い込むと恐怖を感じる．SMも二酸化炭素の吸入によって，健常の被験者と同様に恐怖を感じたことがわかった．それだけでなく，SMは健常者がほとんど示さなかったパニックを示し，喘ぐような呼吸，苦痛の表情，吸入マスクをはぎ取る，といった過剰な反応を見せた．これらの結果は扁桃体の意義を考えるうえでどういう意味を持つだろうか？　まず，少なくとも二酸化炭素の吸入によって生じる恐怖には扁桃体が必要ないことがわかる．そして，健常者では扁桃体がパニックを抑制している興味深い可能性を示唆している．また，多くの脳領域が二酸化炭素

やpHに敏感な化学受容体を持っているため,恐怖とパニックにかかわる扁桃体以外の脳領域が二酸化炭素によって直接活性化した可能性なども考えられる.

　最後に,大脳皮質の前頭前野の損傷患者における情動の影響についての仕事を紹介しよう.前頭前野の損傷患者は,知的能力はほとんど損なわれないが,実生活場面における意思決定に障害が生じることが知られている.たとえば,アイオワ・ギャンブリング課題と呼ばれる,前頭前野損傷患者が成績の低下を示す課題が開発されている[11].それによると,実験参加者はA, B, C, Dの四つのカードを提示され,その中から1枚を引くように求められる.このうち,AかBのカードを引けば高収入が得られ,CかDのカードは低収入しか得られない.ただし,ときどきペナルティとして逆に所持金からお金を支払わなければならないときがあり,AかBのカードの場合は高額のペナルティ,CかDのカードは低額のペナルティとなっている.このようなルールのもと,実験参加者はカードを繰り返し引いて,できるだけ多くの収入を得るように求められる.課題の設定としては,たとえばAやBのカードは10枚引くと$1,000を獲得できるが,5枚のペナルティに遭遇して$1,250を失い,結局,$250の損失となる.一方CやDのカードは10枚引くと$500を獲得できるが,ペナルティとして$250失い,最終的には$250の利益となる(図5.6).つまり,個々の試行ではAやBのカードを引くのが得のように見えるが,長期的には損であり,CかDのカードを引くほうが得なように条件が設定されている.この課題において,健常の実験参加者は初めはAとBのカードを続けて引くが,すぐにCかDのカードを多く引くようになる.一方,前頭前野,特に腹内側部位の損傷患者は,いくら長く実験を続けても,AとBのカードを多く引き続ける傾向を示す.また,健常者も前頭前野損傷患者も,カードを引いて収入を得たときやペナルティを受けたときに皮膚コンダクタンス

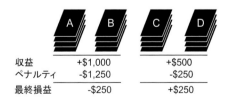

図5.6　アイオワ・ギャンブリング課題では,実験参加者はAからDのカードを繰り返し引いて,できるだけ多くの利益を得ることを求められる

反応を示すが，健常者は試行を繰り返すうちにAやBのカードを引く前に強い皮膚コンダクタンス反応を示すようになる．ところが，損傷患者はこのような予期的な生理反応を示さないのである．

なぜ前頭前野の損傷によって意思決定が障害され，アイオワ・ギャンブリング課題では，不利な選択を多くするようになってしまうのだろうか．ダマシオらは，意思決定のような認知的処理が，単なる知性の産物ではなく，情動の影響を，それも自律神経系の反応を含む影響を受けていると考えている．ダマシオはこれに基づいて，ソマティック・マーカー仮説というものを提唱している[12]．ソマティック・マーカー仮説では，報酬や罰を経験することによってある身体状態が生じ，そのような身体状態は今後起こりうる結果についてなんらかの信号を発信すると考える．そのような身体状態による信号（ソマティック・マーカー）は，長期的にみてその生物に有利な行動を引き起こすようにガイドするだろう．つまり，ある意思決定場面で，選択肢の一つにネガティブなソマティック・マーカーが付随すると，その組合せは警報として機能し，その選択肢は避けられやすくなるだろう．逆に，選択肢の一つにポジティブなソマティック・マーカーが付随すれば，誘因として機能するかもしれない．このような情動を介した自動的な過程により，意思決定という認知的なプロセスの効率や正確性を高めることができるだろう，というのである．

ソマティック・マーカー仮説によってアイオワ・ギャンブリング課題の実験を解釈すれば，健常者が何度かカードを引くことで示すようになる予期的な皮膚コンダクタンス反応がソマティック・マーカーの一つである．これがネガティブなソマティック・マーカーとして即時的な報酬に結びついたAやBのカードを引く傾向を抑制し，ワーキングメモリー内にあるこの先の悪いシナリオのイメージが強調・維持されることで，即自的な利益を求める自動的な傾向が相殺される．前頭前野の損傷患者は予期的な皮膚コンダクタンス反応，すなわちソマティック・マーカーを示さないので，このような長期的に不利な選択肢に対する回避が生じないと考えることができる．

5.4　哺乳類の情動脳

前節では，ヒトの情動脳について，fMRI研究や脳損傷患者の研究を紹介した．本節では，ヒト以外の哺乳類として，霊長類やげっ歯類を対象とした研究を紹介

したい．むろん，動物はヒトのように言語で自らの情動を報告することができない．しかし，霊長類やげっ歯類の脳は基本的な構造が同じ哺乳類としてヒトに近いため，ヒトの情動脳に対応する構造の機能の理解に大きな役割を果たしてきたといえる．前節ではヒトの情動脳として中脳ドーパミン系，扁桃体や前頭前野の働きを紹介した．本節ではヒト以外の霊長類を対象とした電気生理学的手法による単一ニューロンの活動記録の動物研究から，これらの領域の機能の複雑性についても明らかにされてきたことを示そう．

たとえば，中脳ドーパミン系路は報酬系の神経路と呼ばれているが，実は報酬そのものに反応するというよりも，報酬の存在や出現の予測や，報酬に向かう行動の制御にかかわる神経回路の一部であることが明らかになっている．また，扁桃体の具体的な解剖構造やその細部の機能が明らかになってきたのも動物実験の成果である．さらには，中脳ドーパミン系と扁桃体，そして前頭前野などはそれぞれ独立に働いているわけではなく，むしろ構造上も機能上も密接な関係にあるということがわかってきたのもまた動物実験のたまものである．

シュルツらは，マカクザルを対象として，電気生理学的手法で単一ニューロンの活動を検討することで，中脳ドーパミン系の報酬の処理にかかわる働きを詳細にした[13]．マカクザルの目の前に箱が置かれ，その中にあるものが見えないようになっている．中にあるのがリンゴ片，クッキー片やレーズンのような報酬であるとき，サルが手を伸ばし触れるとドーパミン・ニューロン群が強く活動する．だが，食物片以外の物に触れても活動しない．つまり，報酬にさわるということがニューロンの活動を活発化させている．ところが，閉まっていた箱のドアが自動的に目の前で開きそれから手を伸ばすという条件では，ドアが開いたときにドーパミン・ニューロンの活動が活発化するが，その後報酬そのものである食物に触れても活動しなくなる．つまり，ドーパミン・ニューロンの活動は，報酬に直接触れることによる触覚刺激から，報酬に関連してはいるが，報酬そのものではない箱が開くことによる聴覚・視覚刺激に転移したのである．また，同様に，報酬とは直接関係のない刺激の提示後に一定の量の報酬を提示することを続けると，ドーパミン・ニューロンはこの条件刺激に対して活動するようになり，むしろ報酬の提示そのものに対しては活動しなくなる．しかし，このような状態になった後も，条件刺激なしに報酬を提示すると，報酬の提示に対してまたドーパミン・ニューロンが活動するようになる．さらに，条件刺激の後に提示される報酬の量

を変化させると，報酬量が通常の試行よりも増えたときは活動が増加し，減ったときは活動が減少する．このような事実から，中脳ドーパミン・ニューロンの活動は，報酬そのものを得たことよりも，報酬の予測にかかわっていると考えられている．

さて，中脳ドーパミン・ニューロンの入力を受ける大脳の領域は，報酬と関連してどのような活動を示すのだろうか．シュルツらは，"go/no-go" 課題を利用して，中脳ドーパミン系ニューロンの投射を受けている大脳基底核腹側部（側坐核を含む）のニューロンの活動を記録した．マカクザルの正面に，go 試行か no-go 試行かを示す教示ランプが取り付けられている．このランプが緑に点灯したときはその試行は go 試行であることを，赤く点灯したときはその試行は no-go 試行であることを示している．教示ランプの点灯に続いて今度はトリガーランプが黄色に点灯する．サルは，go 試行のときは，トリガーランプが点灯したらレバーに手を伸ばすことでリンゴジュースをなめることができることを学習した．逆に no-go 試行のときは，トリガーランプが点灯したあと数秒間手を動かさないことでリンゴジュースをなめることができることを学んだ．この課題を遂行中のマカクザルの腹側基底核ニューロンの活動を記録すると，サルが反応した後に，報酬が提示される前から活動が高まるニューロンが多く見つかった．このような神経活動は，go 試行か no-go 試行かによらず観察された．したがって腹側基底核のニューロンは，過去の経験に基づいて報酬が得られることを予測しているときに活動すると考えられる．前頭前野，特に眼窩皮質も，腹側基底核と同じように中脳ドーパミン・ニューロンの入力を受けているが，前頭眼窩皮質の神経活動は，その試行が go 試行なのか no-go 試行なのかを知らせる教示ランプの点灯に対する活動，報酬の提示に先行する活動，報酬の提示後の活動の三つのタイプに大別できた．報酬の提示に先立つような神経活動が存在するということは，これらの領域が報酬そのものではなく，報酬の予測にかかわるもっと高次の処理を行っていることを示しているいえる．

報酬系とも呼ばれるように，中脳ドーパミン・ニューロンや投射を受ける大脳の各部位は上述のような報酬の提示や，報酬の提示をあらかじめ知らせる刺激の提示といった快の情動を伴う場面で特に強く活動するようだ．一方，空気を吹き付けられたり，吹き付けられることを知らせる刺激のように，不快を伴う場面ではあまり活動しない．冒頭に紹介したクリューバー–ビューシー症候群からわか

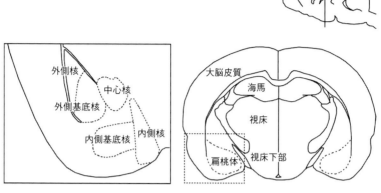

図 5.7 扁桃体付近の断面図
左は扁桃体を拡大したもので,主な亜核を示している.

るように,不快の情動に大きくかかわっているのは扁桃体である.扁桃体は複数の小さな亜核からなる複合体である(図 5.7)[14].近年の研究では,扁桃体の中心核を両側性に損傷されたアカゲザルは,ヘビを提示されたときの恐怖反応が低下するほか,ヒトが飼育室に入ったときに普通みられるすくみ反応も減少することがわかっている.加えて,ストレス時の内分泌的反応である副腎皮質刺激ホルモン放出ホルモンや副腎皮質刺激ホルモンのレベルも低下することから,扁桃体の,特に中心核が,恐怖や不安の情動反応や,それに伴う副腎皮質系の反応に介在することが示唆される[15].

さらに,扁桃体は不快の情動処理に重要なだけでなく,中脳ドーパミン系路と相互作用し,報酬の情報処理にも深くかかわっていることも明らかになってきている.バクスターらは,アカゲザルの報酬選択場面における大脳の前頭眼窩皮質と扁桃体の関連について検討した[16].相互作用を検討するため,彼らは交差損傷と呼ばれる手法を用いた.交差損傷は,二つの領域を結ぶ連絡経路を断つことによって,領域自体の機能を温存したまま,領域間の相互作用のみを取り除こうとすることを目的とする.このため,彼らの実験では,片方の脳半球の扁桃体と,もう片方の脳半球の前頭眼窩皮質を損傷し,さらに左右半球を連絡する大脳交連繊維を切断した.これにより,各半球の残された扁桃体と前頭眼窩野は,機能を保つものの互いに連絡はできなくなる.このような手術を行った後,アカゲザル

は食物の選択課題に取り組むことになる．ピーナッツや果物などの，好みが同程度の2種類の食物を，それぞれ形が異なるオブジェクトの中に隠し，中の食物とオブジェクトの形を学習させる．次に，価値減少（devaluation）と呼ばれる操作をする．この操作では，2種類の食物のうち片方だけを，サルに好きなだけ摂取させる．そのうえで最後に，サルに二つのオブジェクトを選択させ，どちらの食物を好むかをテストする．通常であれば，価値減少の操作をすることで，同程度の好みであった2種類の食物のうち，すでに自由に摂取した食物を避け，もう一方の食物に選択がシフトする傾向がみられる．ところが，前頭眼窩皮質と扁桃体の交差損傷を受けたサルは，価値減少の操作後も選択のシフトがあまり生じない．つまり，価値減少の操作がきいていないのである．したがって，前頭眼窩皮質と扁桃体は，報酬の価値に基づいた選択という意思決定場面に，統合的に関与しているといえる．

　霊長類以外の哺乳類における不快の情動の研究では，恐怖条件づけという実験手続きが多く行われてきた．恐怖条件づけはパヴロフ型の条件づけの一種である．いわゆるパヴロフのイヌの実験では，ベルの音などイヌにとって意味を持たない中性刺激と，唾液の分泌という生得的反応を生じさせる食物のような無条件刺激を対にして提示することを繰り返す．その結果，ベルの音だけを聞かせても，食物が提示されたときのように唾液を分泌するようになる．このとき，ベルの音は条件刺激と呼ばれ，条件刺激に対して生じた唾液の分泌反応は条件反応と呼ばれる．恐怖条件づけでは，中性刺激と無条件刺激を対提示するという実験手続きはパヴロフのイヌの実験と同じだが，無条件刺激としてごく軽い電気ショックなどの嫌悪的な刺激を用いるわけである．このような嫌悪的な刺激に対しては，いわゆるすくみ反応が生じるほか，血圧の上昇や心拍数の増加といった自律神経系の反応，ストレスホルモンの分泌のような内分泌的反応が生じる．恐怖条件づけを行うと，このような種々の情動反応が，条件刺激に対しても生じるようになる（図5.8）．

　恐怖条件づけにはどの脳部位がかかわっているのだろうか．ルドゥーらは，聴覚刺激を条件刺激とした恐怖条件づけの手続きで，聴覚情報を受け取っている脳の内側膝状体と，そこからさらに情報を受ける大脳皮質の聴覚野の役割を検討した[17]．結果，内側膝状体を損傷すると，条件刺激に対する血圧や心拍の上昇やすくみ反応などの情動反応が減弱した．ところが，聴覚皮質の損傷はこれらの情動

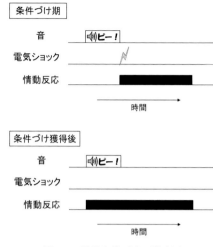

図 5.8 恐怖条件づけの模式図
条件づけ期には，純音（ピー音）のような中性刺激に続いて軽い電気ショックを与えることを繰り返す．動物は電気ショック受けるとすくみ反応などの情動反応を示す（上）．この手続きを繰り返すと，やがて動物は純音に対しても情動反応を示すようになる（下）．

反応に影響しなかった．つまり，恐怖条件づけによる情動反応の表出には，皮質下の系路が重要な役割を果たしているということがわかった．

　恐怖条件づけに特に重要な皮質下の脳領域は，不快の情動の中枢とされる扁桃体である．カップらは，ウサギの扁桃体中心核を選択的に損傷すると，恐怖条件づけによって生じるはずの条件刺激に対する心拍数の増加が障害されることを見いだした[18]．その後，恐怖条件づけにおける脳損傷の影響が数多く検討され，恐怖条件づけにかかわる情動脳の仕組みが明らかにされてきた．恐怖条件づけには扁桃体の中心核のほか，外側核も重要な役割を果たしている．これらの亜核のどちらかが損傷されると条件づけの獲得が障害されるが，それ以外の亜核は損傷されてもほとんど影響がない[19]．扁桃体の中心核は皮質下の複数の脳領域に投射している．中心核の投射先のうち，間脳の視床下部が自律神経系の反応である血圧の上昇にかかわる一方，脳幹の中心灰白質がすくみ反応の生起にかかわる[20]．また，分界条床核という構造の損傷はこれらの反応を障害しないが，ストレス・ホルモンの分泌を障害する[21]．

では、聴覚刺激に対する恐怖条件づけにおいて、皮質下の扁桃体にかかわる経路のみが重要で皮質はまったく必要がないのかというと、そうではないらしい。条件刺激 A に対しては不快な刺激が伴い、条件刺激 B に対しては不快な刺激が伴わないという実験手続を、分化条件づけという。恐怖条件づけのパラダイムにおいて分化条件づけを行うと、通常の動物は不快な刺激が伴う条件刺激 A に対してのみ情動反応を示すようになる。ところが、聴覚皮質を損傷すると、不快な刺激が伴わない条件刺激 B に対しても情動反応が生じるため、反応が分化しない[22]。また、皮質の内側前頭前野も恐怖条件づけによる情動反応の表出にかかわっているようだ。内側前頭前野の損傷によって条件刺激に対する恐怖反応と、条件刺激が提示される際の文脈（たとえば、実験が行われた装置）に対する恐怖反応の両方が促進されることから、内側前頭前野の損傷は恐怖条件づけにおける恐怖反応の出現を一般に増強すると考えられる[23]。さらに、大脳内の海馬を損傷すると、条件刺激に対する恐怖反応は生じるが、実験装置のような文脈刺激に対する恐怖反応は選択的に障害される[24]。

このように、恐怖条件づけでは、扁桃体中心核から入力を受ける皮質下の複数の領域がかかわってすくみ反応や自律神経系の反応、内分泌系の反応など、種々の情動反応を生じている。さらに、皮質でも感覚野や前頭前野、海馬なども、反応の分化や恐怖反応の強度、文脈に対する恐怖といった形で情動反応を調節している。恐怖条件づけという比較的単純な実験条件においてさえ、情動脳としてさまざまな脳領域が関与しているということがわかってきたのである。

5.5 哺乳類以外の情動脳

哺乳類以外で情動について詳しく調べられている動物といえばまず鳥類がある。鳥類における高度の認知行動の実例は多くの研究や著作で知られている。記憶、学習、洞察、イノベーションの能力はさまざまな鳥で観察されている。特にアフリカン・グレイ・パロットのアレックスは、実験者と音声を使ってコミュニケーションを行い、対象物の色や、材質、数を数えたりすることができ、鳥のアインシュタインなどと呼ばれていた。アレックスの研究者であったペッパーバーグはこういった認知能力を丹念に記録しているが、同時に、愛情、嫉妬、癇癪といったアレックスの情動豊かな行動についても書き記している。こういった情動行動は哺乳類と同じ脳構造や回路が基盤になっているのだろうか？

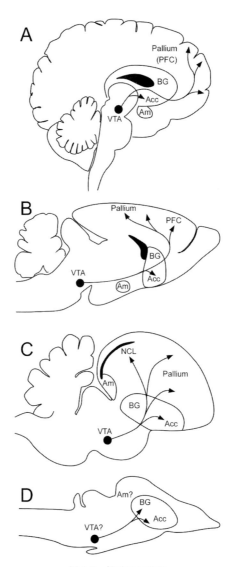

図 5.9 情動脳の進化
中脳ドーパミン系と扁桃体のおおよその位置を示している．A：ヒト，B：げっ歯類，C：鳥類，D：両生類．Acc: 側坐核，Am: 扁桃体，BG: 大脳基底核，PFC: 前頭前野，NCL: 鳥類における「前頭前野」の候補，Pallium: 外套（哺乳類における大脳皮質），VTA: 中脳腹側被蓋野．

この質問に答えるのは，なかなか難しい問題を含んでいる．というのも鳥類が哺乳類との共通の祖先から分岐したのが3億年も以前のことであるからだ．それを考慮すれば，鳥と哺乳類がまったく違う姿形をし，違う行動パタンを持っているのは当然であるが，同様に，その脳構造も哺乳類とではずいぶんと異なるのである．動物が生存していくうえで必要な基本的な仕事をつかさどる神経構造，いわゆる脳幹の部位はそうでもないが，より高度な仕事に関与していると思われる大脳部位では，その違いは大きい．だが大脳について語る前に，情動に関与していると思われる脳幹のいくつかの部位について述べよう．

鳥類の脳幹で，哺乳類の脳構造と対応する構造を解剖学的に見つけることは難しくはない．むろん，解剖学上の対応といってもさまざまな基準が考えられる．たとえば，その構造の持つ相対的な位置関係，一つひとつのニューロンや構造全体の形態，他の構造との線維連絡，ニューロンの含有化学物質，発達遺伝子の発現パタン，などの基準があげられる．鳥類と哺乳類は，こういった厳しい基準を満たすようなよく似た脳幹構造を持っている．このような類似性は鳥類と哺乳類ばかりではなく，爬虫類，両生類，魚類を含む脊椎動物一般においていえる（図5.9）．このことは，とりもなおさず，三つのことを示唆している．まず，鳥類の脳幹の機能が哺乳類や他の脊椎動物と共通しているだろうということである．次に，その機能は，種のライフスタイルに影響されない，すべての動物にとっての生存に必要な機能に関与しているだろう．最後に，脳幹のデザインはおそらく，脊椎動物共通の先祖から受け継がれてきたという可能性である．

たとえば，鳥類の中脳にドーパミン系のニューロン群があることはたやすく見つけられる．このドーパミン系群は中脳の腹側部に位置し，大脳の腹側部にその線維を投射している．これは哺乳類の中脳ドーパミン系群，特に腹側被蓋野と同様である．哺乳類の中脳ドーパミン系群が，大脳基底核に投射し，報酬や情動に関与しているらしいことはすでに述べた．報酬系の存在が，哺乳類の採餌行動や生殖行動を支えるうえで重要なことは自明であるが，こういった行動が必要なのは哺乳類だけではない．鳥類でも，そしてその他の脊椎動物でも，同じような機能と解剖学的な性質を持ったシステムが存在しうることは十分説得力がある．また，その起源が共通の祖先にまでさかのぼりうることも，あながち，とっぴな考えとはいえまい．

ところが脳幹に比べ大脳の比較は難しい．特に重要なのは，非哺乳類の大脳に

は哺乳類の皮質のような構造がないということである．哺乳類の大脳の場合，まず基底核があり，それを取り囲むように層状の構造を持った皮質がその表面を覆っている．ところが，大脳皮質は哺乳類に特有の構造なのである．鳥にも，爬虫類，両生類にも皮質が見当たらないので，まるで，その大脳が基底核だけからできているかのように見える．すでに，哺乳類で皮質のいろいろな部位が，情動に関与していることは述べた．では，非哺乳類である鳥類の情動というものは，皮質の代わりに基底核にコントロールされているのだろうか．もしそうならば，鳥類と哺乳類とでは同じ情動といっても実は本質的な違いがあるのではないだろうか．

長い間，比較行動学者や比較神経学者はこの疑問に答えるべく，さまざまな研究を行ってきた．結論からいえば，非哺乳類の大脳は哺乳類と確かに見かけは違っているが，脳幹同様，基本的な脳の設計図は同じである，ということが明らかになってきている．解剖学のうえでも機能のうえでも哺乳類の脳の各部位に対応する構造を，鳥類，爬虫類などは備えているのである．つまり，すぐに皮質とわかるような層状の脳構造は鳥類の大脳にはないかもしれない．しかし，基底核だけしかないと思われていた鳥類の大脳にも，哺乳類の大脳皮質のさまざまな部位に似た特質を持った構造が存在するということである．

これは，情動に関与すると思われる大脳構造についてもいえる．まず，鳥類の大脳のうち，哺乳類の大脳基底核に対応すると考えられるのは，前腹側のごく一部であることがわかってきている．しかも，その最も内側部は中脳ドーパミン系群からの投射を受けており，このことは，この部位が，哺乳類の側坐核に対応しているであろうことを意味している．この部位とそれ以外の脳幹構造との線維連絡も，哺乳類と一致していることがわかっている[25]．さらに，鳥類のこの部位の破壊実験は，哺乳類の側坐核を破壊したときと同様，衝動的な行動を示すようになることを明らかにしている[26]．したがって，鳥類も哺乳類同様の，中脳ドーパミン系が，情動に関与していることが想定される．

哺乳類の情動に深く関与している重要な構造として，扁桃体があげられてきた．扁桃体は大脳の中でも，皮質と基底核の間に位置する辺縁系の一部である．果たして，鳥類にも解剖学上，そして機能上，哺乳類の扁桃体に対応するアーモンド（扁桃）状の構造があるのだろうか？　現段階の研究では，存在していることに間違いはないと考えられているが，構造の形態や境界についての情報はたいへん限ら

れている．この限界にはいくつかの理由があるが，まず，哺乳類においてさえ扁桃体というものの定義がなかなか困難であることがある．扁桃体は等質の組織からなる，一定の機能を持つ構造ではなく，解剖学的にも，機能的にも，多種多様な組織が寄せ集まった複合構造であることはすでに述べた[14]．対応する構造を哺乳類以外の動物で探すことは容易ではない．

　鳥類の大脳のどの部位が，哺乳類の扁桃体のどの部位に対応しているか，数々の研究がなされ，白熱した議論がいまも行われている．しかし，多くの研究者の間で，この部位はおそらく哺乳類の扁桃体の，少なくとも一部に，対応しているであろうと，合意されている構造がある．それは，大脳の基底核の後方，後腹側部に位置する部位で「扁桃体」と名づけられており，そこは哺乳類同様，海馬や視床下部との線維連絡が知られている．たとえば，この部位を破壊すると，哺乳類のように，生殖行動を含んだ社会的な行動が減少することが知られている[27]．

　大脳の前頭前野は霊長類，特にヒトでよく発達していることが知られている．側坐核や扁桃体と関連して，前頭前野が情動に関与した意思決定に携わっているらしいことは述べた．はたして鳥類にも前頭前野に対応する構造は存在し，意思決定にかかわっているのだろうか？　Güntürkünらは存在すると提案している[28]．鳥類の大脳の中でも後背側部の一部（NCLと呼ばれる）がそうだという．NCLは中脳ドーパミン系の投射を受けているのだが，これは哺乳類の前頭前野が側坐核とともに中脳ドーパミン系の影響を受けているのに似ている．また，この部位は，鳥類の側坐核や扁桃体に対応する部位との線維連絡があることも証拠としてあげられている．一方，Shimizuら[25]は後背側部（NCL）に加えて，前内側部も前頭前野に似た線維連絡を持っていることを指摘し，鳥類では前頭前野に似た構造が複数存在している可能性を提案し，比較研究の更なる必要性を訴えている．

　ここでは爬虫類の脳についてあまり述べないが，爬虫類は鳥類と系統発生学的に近く，その脳構造も概してよく似ている．ただ，鳥類に比べ，行動学上も神経学上もデータが限られているため，今後の研究が期待されている．さらにヒトから遠ざかったところでは，両生類や魚類を用いた神経解剖学的研究が行われてきた．系統発生学的にみて鳥類よりもさらに哺乳類と遠い両生類や魚類では，哺乳類の脳との対応関係を明確にすることはさらに難しくなるが，これまでの研究からはやはり，哺乳類の情動脳に類似した構造や機能があると考えられている．

中脳ドーパミン系と呼ばれることからも明らかなように,哺乳類や鳥類のドーパミン・ニューロンはほとんどが中脳に位置しており,一部はより吻側の間脳にまで分布している.一方,両生類の中脳,間脳にもドーパミン・ニューロンが分布しているが,その多くが間脳に位置し,一部が中脳に分布しているという位置関係上の違いがある.また,哺乳類の場合,中脳ドーパミン・ニューロンには,腹側被蓋野から大脳基底核の中でも腹側の側坐核へ投射する辺縁系の経路のほか,中脳の黒質と呼ばれる構造から大脳の背側基底核へ投射する運動系の経路のものがある.このような辺縁系と運動系といった二つの系の分離は鳥類・爬虫類でもみられる.しかし,両生類では,投射先の異なるこれらの細胞が脳幹に混在して分布しており,哺乳類や鳥類における黒質と腹側被蓋野のような分離はみられないという点で異なっている[29].

両生類では,哺乳類の扁桃体に相当する領域として,やはり扁桃体という名称の領域があり,外側,内側,中心の三つの核に分かれている.外側部,内側部には嗅覚系,鋤鼻系のほか,各種の感覚入力があり,扁桃体内での連絡を経て中心部から視床下部や自律神経系に出力されるので,哺乳類の扁桃体と類似した構造を持っているといえる.総合的にみて,四肢動物(哺乳類,鳥類,爬虫類,両生類)の扁桃体やそれに対応する脳部位は,少なくとも四つの共通した特徴を持っていると考えられる[30].それは,①発生的にみて,神経管の背側部に相当する外套と呼ばれる構造と,下部に位置する外套下部の両方から派生している,②大脳半球の後部腹外側部に位置している,③嗅覚系,鋤鼻系と強い関連がある,④視床下部への重要な投射の源である,ということである.鳥類には鋤鼻系がなく,嗅覚系も縮小しており,これが鳥類における扁桃体の対応関係の推定を難しくしている要因の一つであるが,このような観点からは,扁桃体に相当する脳構造は少なくとも四肢動物の共通祖先にまでさかのぼることができるとも考えられる.

魚類のドーパミン・ニューロンは両生類よりもさらに吻側に位置し,すべてが間脳に分布してそこから大脳に投射している.魚類の間脳のドーパミン・ニューロンは少なくとも三つのグループを作っており,このうち二つは基底核に相当する大脳腹側部に投射していることから,哺乳類や鳥類の運動系,辺縁系の経路に相当する可能性がある.もう一つは大脳皮質に相当すると考えられる大脳背側部に投射するドーパミン・ニューロンで,これは哺乳類の中脳-皮質系に機能的に対応する可能性がある[31].しかし,これらのドーパミン・ニューロンの機能は直

接研究されておらず，よくわかっていないのが現状である[32]．

さて硬骨魚類の大脳は，外翻（がいほん）と呼ばれる特殊な発生過程を持っているため，四肢動物との比較は非常に難しい．四肢動物の大脳背側部は神経管の背側が内側に折れ込むようにして発生するのに対して，硬骨魚類では外側に伸展するように発生するのである．このため，硬骨魚類と四肢動物の大脳背側部の位置関係は，ごく大まかにいえば内側と外側が逆転しているといえる．哺乳類では大脳の外側に位置する扁桃体は，魚類では内側に位置するものと推定されるのである．実際に魚類の大脳背側部の内側部を損傷すると，嫌悪刺激の回避という情動的な学習が障害される．つまり，機能的にみてもこの領域が哺乳類や鳥類の扁桃体に相当する可能性がある[33]．また，魚類の大脳背側部の一部は位置関係的に哺乳類の大脳皮質に相当するとも考えられる．ここを損傷すると，回避学習の獲得直後の回避行動には影響しないが，学習の24時間後の回避行動が障害されることから，回避学習に関する長期的な記憶が大脳背側部の背側部に形成されるとも考えられる[34]．このように，魚類の大脳については現在も明らかになっていないことが多いものの，これまでの研究からは，魚類にも哺乳類の情動脳に類似した神経回路や機能が存在することが示唆される．

おわりに

a. 脊椎動物に共通の「情動脳」があることの意味

　ヒト以外の哺乳類，そして哺乳類以外のさまざまな脊椎動物が，ヒトの情動脳に対応する構造を持っている可能性をみてきた．このように，共通した脳構造が存在することに，我々は二つの重要な意味を見いだすことができると思う．まず，情動に関与する脳構造が脊椎動物に共通して存在するということは，多くの動物にとってこの情動脳というシステムが生存のために重要であることを示唆している．もし情動脳がヒトの生存だけにとって大切であって，ほかの動物にとってはまったく必要のないものであるならば，それらの構造はヒト以外の動物で発達していることはなかっただろう．たとえば，目はヒトにも，ラットにも，鳥にも，魚にもあるが，これは「見る」ためのシステムがいろいろな動物にとって，いかに大切であるかを物語っている．特殊な生息環境を除けば，この「見る」システムを持たない動物は，持つ動物と比べると生存上きわめて不利で，進化の早い段階で淘汰されてしまったと考えられる．同じことが，情動脳についてもいえるの

ではないだろうか．時々刻々に直面する意思決定場面で，情動反応によって行動の選択をガイドする情動脳を持たない動物は生存することが難しく，進化の早い時期に淘汰されてしまった可能性は否定できない．

ただし，動物が同じシステムを所有しているからといって，ヒトと同様の情動を共有している保証にはならない．ヒトの情動脳が情動に関与していても，ほかの動物の情動脳がまったく同じ仕事をしているかどうかの検討は別問題である．目の例をとってみれば，ヒトとほかの動物が目を持っているからといって，「見ている」世界は決して同じではない．ヒト以外の多くの哺乳類は色覚を持っていないし，鳥類や魚類はヒトに見えない紫外線の反射を感知することができる．キンギョの実験を紹介しよう．我々ヒトの色覚は3原色なので，赤緑青の3色の光の混合であらゆる色を知覚できる．テレビモニターの赤青緑の3色のピクセルが同じ明るさで光れば，我々は白色を知覚するわけである．キンギョで同じ実験をした研究者がいる[35]．まず，可視光域から紫外線までのあらゆる波長を含む光（つまり，"真の白色光"である）で照らされたキーをつつくと餌がもらえることをキンギョに学習させる．次に，複数の単色光を混合させた光で照らしたキーと，真の白色光で照らしたキーを同時にキンギョに見せ，どちらをつつくかを調べる．どちらのキーも同じようにつつくような光の混合が，キンギョが「白色」と知覚する原色の混合ということになる．実験の結果，我々が白色と知覚するような赤緑青の光の混合では，キンギョは白色と判断しないのである．これに紫外線を加えることで，初めて真の白色キーと同様につつくようになった．我々ヒトがみれば紫外線の有無によらず白色に感じられるが，キンギョには違う色として見えているわけである．それが一体どのような色に感じられているのか，4原色の世界を我々がイメージすることは難しい．同様に，ほかの動物の「情動」が我々の経験する情動と同じであるかどうかの判断は難しいし，情動経験の内容について我々がイメージすることもやはり困難である．

さまざまな動物が共通した情動脳を持っていることの第2の意味は，情動脳の起源が少なくとも両生類（3億年），あるいは魚類（4億年）にまでさかのぼることが可能であることを意味する．つまり，「情動」に関するシステムのもととなる脳構造が，脊椎動物の共通の祖先にすでに存在していた可能性をうかがわせる．むろん，進化の歴史の中で，それぞれの動物のグループが，それぞれ独自に同じようなシステムを発達，進化させてきた可能性もまったく否定することはできな

い．しかし，これだけ形態学的にも，生態学的にも多様な動物種において同じような構造が存在するということは，その起源が，進化上の多系統で独立に生まれてきたと考えるより，共通の祖先から受け継がれてきたものであると考えるほうが説得力があるといえよう．

b. ヒトの「情動」と動物の「情動」の違い

多くの動物種がそれぞれ情動脳を持っているとはいっても，その構造がまったく同じではないことは既述した．それらの動物において基本的なデザインは同じでも，その構造は少し，あるいは大きく，異なっている．ある動物では（たとえば哺乳類），中脳ドーパミン系のニューロン群が非常に発達しその構造が拡大，分化している一方，ほかの動物では（たとえば魚類），限られた数のニューロンしか存在しない場合もある．こうした違いには，それぞれの種に特有の「情動」の特性が現れていると思われる．その点からみた場合，ヒトの「情動脳」の特徴は何だろうか？

ここまで見てきたように，情動脳でも脳幹や大脳皮質下の構造，経路，化学物質などではヒトと動物に解剖学上の本質的な違いはない．違いがあるのは大脳背側部（外套）に対応する部位である．哺乳類，特にヒトでは非哺乳類に比べその大脳背側部が非常に発達，巨大化しているのである．哺乳類では大脳背側部の主要な部位は大脳皮質を構成しているが，その中でも前頭前野がヒトで特に発達が著しい．ここはいろいろな辺縁系と解剖学上の結びつきも強く，皮質下の扁桃体や基底核の腹側部位との強い線維連絡は，情動の処理における大脳皮質から皮質下の構造へのトップダウンの影響を示唆している．この経路が具体的にどういう意味を持っているのかは明らかではないが，一つ考えられるのは，情動の自己認識の能力である．

つまり私たち人間は喜んだり，悲しんだり，怒ったりするばかりではなく，自分はいま喜んでいるんだなとか，悲しんでいるんだなとか，怒っているんだなといった自分の情動を意識することができる．こういった認識を可能にするのは，意識というものに大きく関与する大脳皮質の発達に関係していると思われる．しかも，その発達した大脳皮質と皮質下の情動脳との密接な経路が重要であろうことは疑いない．そこで推論をさらに進めれば，動物は喜び，悲しみ，怒りといった情動に関する皮質下の脳構造はヒト同様に持っているかもしれないが，それを

ヒトと同様に自己認識するための構造を発達させているとは限らないということである．「意識」の問題とも絡まって，今後，さらなる動物研究によって，ヒトと動物の情動の違いが明らかにされていくことが期待される．

[篠塚一貴・清水　透]

コラム 10　両生類のドーパミン系ニューロン群

　四肢動物のうち哺乳類，鳥類，爬虫類には，脳幹から大脳へ走るドーパミン経路が二つある．一つは腹側被蓋野（VTA）から大脳腹側基底核の側坐核へ投射する報酬系の経路で，いま一つは黒質から大脳の背側基底核へ投射する運動系の経路である．同じ四肢動物でも両生類の脳では，大脳の報酬系と運動系への経路が渾然一体となっていて，はっきり分離するのはなかなかむずかしい．脳幹のドーパミン系ニューロン群も二つの核に分離することは困難である．なにも両生類の脳が，運動系と報酬系の経路のうちどちらか一方を欠いているというわけではない．むしろ，哺乳類，鳥類，爬虫類とちがって，脳幹から大脳へのドーパミン系が二つに分化していないということのようである．

　実は，哺乳類，鳥類，爬虫類ですら，運動系と報酬系の構造は境界の明確な別個の存在ではない．たとえば，大脳基底核は腹側（報酬系）から背側（運動系）へと徐々に性質が変化していく一つの構造ととらえるほうが，解剖学的にはほんとうは正しい．これは運動と報酬に関する神経構造が，機能として密接な関係にあるということを示唆している．動物はなぜ動くのか？　えさを得るためかもしれないし，異性を求めるためかもしれない．外敵から逃げるためかもしれないし，暑さ寒さから身を守るためかもしれない．いずれにしても，動くことによって得られるべきものは報酬である．逆にいえば，報酬の得られない運動はしばしば労力の無駄であり，時間の浪費であり，生命の危険ですらある．つまり，二つの神経系はそもそも協同して機能する必要があり，そう考えれば，両者に同じような構造，経路，化学物質を見いだすことができるのも納得できるかもしれない．

　両生類の場合，この両者の関係が他の四肢動物よりも，さらに密接に関連していて，すべての行動が報酬と分かちがたく結びついていると考えることもできる．それが，両生類の行動をますますステレオタイプ化しているかもしれない．両生類の行動が，哺乳類，鳥類，爬虫類に比べて，適応性や柔軟性において劣っているように見えるとしたら，それはこの二つの神経系が未分化であることと関係しているかもしれない．

コラム 11　メスのように怒るオスのメスのような脳

　イサリビガマアンコウという魚がいる（学名 *Porichthys notatus*）．この魚は発音魚として知られ，特定の音を発することで，同種の個体同士でコミュニケーションする．オスは"hum"と呼ばれる音を出してメスに求愛し，敵対的な場面では"grunt"と呼ばれる音を出して巣や卵を守る（この魚はオスが巣で卵を守る）．また，メスも他の個体と敵対するような場面では"grunt"を出すが，メスの"grunt"はオスよりも小さく，間隔が長い．

　さて，この魚がおもしろいのは，メスとよく似た姿でメスのように発音するオスがいるということである．そこで，オスらしいオスはタイプ I，メスのようなオスはタイプ II と呼ばれる．タイプ II オスは，タイプ I オスと違って，メスに求愛して産んでもらった卵を守るということをしない．タイプ II オスは，メスのような姿でタイプ I オスに近づき，メスが産んだ卵にこっそり放精して自分の子を残すのである．

　グッドソンとバスは，この魚が発音する脳の仕組みを詳しく調べた[1]．実験の結果，終脳後方に位置する視索前野—前視床下部を電気刺激すると，敵対的発音である"grunt"を発することがわかった．さらに，この脳領域に，さまざまな社会行動に関与することが知られている神経ペプチドのバソトシンとイソトシン（哺乳類のバソプレッシンとオキシトシンの相同物質である）やその阻害薬を投与してみると，タイプ I オスの grunt はバソトシン，メスの grunt はイソトシンの影響を強く受けることがわかった．では，メスのようなタイプ II オスの grunt は，バソトシンとイソトシンのどちらの影響を受けるのだろうか？　結果，タイプ II オスの grunt はやはりメスのようにイソトシンの影響を強く受けた．

　したがって，タイプ II オスは，行動だけでなく脳の仕組みとしてもメスのように振る舞いつつ，オスとして繁殖しているということになる．精子を生産するか，卵を生産するかという性腺上の性と，オスらしく振る舞うか，メスらしく振る舞うかという社会的・繁殖的な戦略は，脳の中で独立に制御されていると考えられる．

文　　献

1) Goodson JL, Bass AH：Forebrain peptides modulate sexually polymorphic vocal circuitry. *Nature* **403**（6771）：769-772, 2000.

文　　献

1. 快楽と恐怖の起源

1) マルクス・アウレーリウス（神谷美恵子訳）：自省録（岩波文庫），岩波書店，p. 51, 1956.
2) ダーウィン C（浜中浜太郎訳）：人及び動物の表情について（岩波文庫），岩波書店，pp. 31-36, 1931.
3) Evans D：Emotion, a Very Short Introduction, Oxford University Press, pp. 22-46, 2001.
4) Berridge KC, Keingekbach ML：*Psychopharmacol* **199**：280-457, 2000.
5) Atkinson RL et al eds：Hilgard's Introduction to Psychology, 13th ed., Harcourt Brace, p. 391, 2000.
6) 廣中直行：依存症のすべて，講談社，2013.
7) Wise RA：*Pharmacol Ther* **35**：227-263, 1987.
8) Natori S et al：*Neurosci Res* **63**：267-272, 2009.
9) Salamone JD et al：*Neuroscience* **105**：870-873, 2001.
10) Segovia KN：*Neuroscience* **196**：178-188, 2011.
11) バロウズ W（鮎川信夫訳）：ジャンキー（河出文庫），河出書房新社，p. 36, 2003.
12) Kinzeler NR, Travers SP：*Am J Physiol Regul Integer Comp Physiol* **295**：R436-R448, 2008.
13) Minami M：*Int Rev Neurobiol* **85**：135-144, 2009.
14) Boecker H et al：*Cereb Cortex* **18**：2523-2531, 2008.
15) Blanchard D：*J Comp Physiol Psychol* **81**：281-290, 1972.
16) ルドゥー J（松本　元ほか訳）：エモーショナル・ブレイン―情動の脳科学，東京大学出版会，2003.
17) Sahuque L et al：*Psychopharmacol* **186**：122-132, 2006.
18) Risbrough VB et al：*Neuropsychopharmacol* **34**：1494-1503, 2009.
19) Burman MA：*Behav Neurosci* **124**：294-299, 2010.

20) Soravia LM et al: *Proc Natl Acad Sci USA* **103**: 5585-5590, 2006.
21) Panksepp J: *PLoS One* **6**: e21236, 2011.
22) デカタンザロ DA（浜村良久監訳）：動機づけと情動（現代基礎心理学選書5），協同出版，p. 174, 2005.
23) Adolphs R et al: *Nature* **372**: 669-672, 1994.
24) Tobin VA et al: *Nature* **464**: 413-417, 2010.
25) Ebitz RB: *Proc Natl Acad Sci USA* **110**: 11630-11635, 2013.
26) Kastenhuber E et al: *J Comp Neurol* **518**: 439-458, 2010.
27) Lau BYB et al: *Proc Natl Acad Sci USA* **108**: 2581-2586, 2011.
28) Shimojo S et al: *Nat Neurosci* **6**: 1317-1322, 2003.

2. 情動認知の進化

1) Oatley K, Johnson-Laird PN: Towards a cognitive theory of emotions. *Cognit Emotion* **1**(1): 29-50, 1987.
2) Darwin C: The Expression of Emotions in Animals and Man, Appleton Traducción, New York, 1872.
3) Morton ES: On the occurrence and significance of motivation-structural rules in some bird and mammal sounds. *Am Natural* **111**: 855-869, 1977.
4) Frank RH: Passions within Reason: The Strategic Role of the Emotions, WW Norton & Co, 1988.
5) Leopold DA, Rhodes G: A comparative view of face perception. *J Comp Psychol* **124**(3): 233, 2010.
6) Duchenne B: The Mechanism of Human Facial Expression or an Electrophysiological Analysis of the Expression of the Emotions (Cuthbertson RA ed and trans), Cambridge University Press, New York, 1990.
7) Ekman P, Friesen WV: Unmasking the Face: A Guide to Recognizing Emotions from Facial Cues, Englewood Cliffs, NJ, Prentice Hall, 1975.
8) Sotocinal SG, Sorge RE, Zaloum A, Tuttle AH, Martin LJ, Wieskopf JS et al: The rat grimace scale: a partially automated method for quantifying pain in the laboratory rat via facial expressions. *Molecul Pain* **7**(1): 55, 2011.
9) Langford DJ, Bailey AL, Chanda ML, Clarke SE, Drummond TE, Echols S et al: Coding of facial expressions of pain in the laboratory mouse. *Nat Methods* **7**(6): 447-449, 2010.
10) Aviezer H, Trope Y, Todorov A: Body cues, not facial expressions, discriminate between intense positive and negative emotions. *Science* **338**(6111): 1225-1229,

2012.
11) Lemasson A, Remeuf K, Rossard A, Zimmermann E : Cross-taxa similarities in affect-induced changes of vocal behavior and voice in arboreal monkeys. *PLoS One* **7**(9) : e45106, 2012.
12) Knutson B, Burgdorf J, Panksepp J : Ultrasonic vocalizations as indices of affective states in rats. *Psychol Bull* **128**(6) : 961, 2002.
13) Fujimura T, Matsuda Y-T, Katahira K, Okada M, Okanoya K : Categorical and dimensional perceptions in decoding emotional facial expressions. *Cognit Emotion* **26**(4) : 587-601, 2012.
14) Matsuda Y-T, Fujimura T, Katahira K, Okada M, Ueno K, Cheng K et al : The implicit processing of categorical and dimensional strategies : an fMRI study of facial emotion perception. *Front Human Neurosci* **7** : 551, 2013.
15) Matsumoto N, Okada M, Sugase-Miyamoto Y, Yamane S, Kawano K : Population dynamics of face-responsive neurons in the inferior temporal cortex. *Cerebr Cortex* **15**(8) : 1103-1112, 2005.
16) Parr LA, Waller BM, Vick SJ : New developments in understanding emotional facial signals in chimpanzees. *Curr Direct Psychol Sci* **16**(3) : 117-122, 2007.
17) Paul ES, Harding EJ, Mendl M : Measuring emotional processes in animals : the utility of a cognitive approach. *Neurosci Biobehav Rev* **29**(3) : 469-491, 2005.
18) Mendl M, Paul ES, Chittka L : Animal behaviour : emotion in invertebrates? *Curr Biology* **21**(12) : R463-R465, 2011.
19) Bateson M, Desire S, Gartside SE, Wright GA : Agitated honeybees exhibit pessimistic cognitive biases. *Curr Biology* **21**(12) : 1070-1073, 2011.
20) Hatfield E, Cacioppo JT, Rapson RL : Emotional contagion. *Curr Direct Psychol Sci* **2**(3) : 96-99, 1993.
21) Mancini G, Ferrari PF, Palagi E : Rapid facial mimicry in geladas. *Sci Reports* **3**, 2013.
22) Yoon J, Tennie C : Contagious yawning : a reflection of empathy, mimicry, or contagion? *Animal Behav* **79**(5) : e1-e3, 2010.
23) Provine RR : Contagious laughter : Laughter is a sufficient stimulus for laughs and smiles. *Bull Psychonom Soc* **30**(1) : 1-4, 1992.
24) Hennenlotter A, Dresel C, Castrop F, Ceballos-Baumann AO, Wohlschläger AM, Haslinger B : The link between facial feedback and neural activity within central circuitries of emotion—New insights from Botulinum toxin-induced denervation of frown muscles. *Cerebr Cortex* **19**(3) : 537-542, 2009.

25) Perez EC, Elie JE, Soulage CO, Soula HA, Mathevon N, Vignal C: The acoustic expression of stress in a songbird: Does corticosterone drive isolation-induced modifications of zebra finch calls? *Hormon Behav* **61**(4): 573-581, 2012.

26) Kuraoka K, Nakamura K: The use of nasal skin temperature measurements in studying emotion in macaque monkeys. *Physiol Behav* **102**(3): 347-355, 2011.

27) 中嶋智史,請園正敏,高野裕治:ラットも他者の痛みがわかります―実験室ラットにおける他者の痛み表情の認知能力の検証.日本人間行動進化学会第六回大会プログラム,2013.

28) Braithwaite V: Do Fish Feel Pain? Oxford University Press, Oxford, 2010.

29) Gallese V, Fadiga L, Fogassi L, Rizzolatti G: Action recognition in the premotor cortex. *Brain* **119**(2): 593-609, 1996.

30) Wicker B, Keysers C, Plailly J, Royet J-P, Gallese V, Rizzolatti G: Both of us disgusted in *my* insula: The common neural basis of seeing and feeling disgust. *Neuron* **40**(3): 655-664, 2003.

31) Prather JF, Peters S, Nowicki S, Mooney R: Precise auditory-vocal mirroring in neurons for learned vocal communication. *Nature* **451**(7176): 305-310, 2008.

32) Seki Y, Hessler NA, Xie K, Okanoya K: Food rewards modulate the activity of song neurons in Bengalese finches. *Europ J Neurosci* **39**(6): 975-983, 2014.

33) Rizzolatti G, Craighero L: The mirror-neuron system. *Ann Rev Neurosci* **27**: 169-192, 2004. Epub 2004/06/26.

34) Heyes C: Where do mirror neurons come from? *Neurosci Biobehav Rev* **34**(4): 575-583, 2010. Epub 2009/11/17.

35) Ferrari PF, Tramacere A, Simpson EA, Iriki A: Mirror neurons through the lens of epigenetics. *Trend Cognit Sci* **17**(9): 450-457, 2013. Epub 2013/08/21.

36) Scherer KR: The dynamic architecture of emotion: Evidence for the component process model. *Cognit Emotion* **23**(7): 1307-1351, 2009.

37) 遠藤利彦:喜怒哀楽の起源:情動の進化論・文化論,岩波書店,1996.

38) Selfridge O ed: Pandemonium: a paradigm for learning in D blake & A uttley. Proc Symposium on Mechanization of Thought Processes, 1959.

39) 戸田正直:アージ理論の計算モデル的側面. Cognitive studies. *Bull Jpn Cognit Sci Soc* **1**(2): 31-41, 1994.

40) Minsky M: The Emotion Machine: Commonsense Thinking, Artificial Intelligence, and the Future of the Human Mind, Simon & Schuster, 2007.

41) Panksepp J: The basic emotional circuits of mammalian brains: Do animals have affective lives? *Neurosci Biobehav Rev* **35**(9): 1791-1804, 2011.

42) Panksepp J, Panksepp JB : Toward a cross-species understanding of empathy. *Trends Neurosci* **36**(8) : 489-496, 2013.

3. 情動と社会行動

1) Panksepp J : Affective Neuroscience : The Foundations of Human and Animal Emotions, Vol. 4, Oxford University Press, Oxford, 2004.
2) Weaver ICG, Szyf M, Meaney MJ : From maternal care to gene expression : DNA methylation and the maternal programming of stress responses. *Endocr Res* **28** : 699, 2002.
3) Carter CS : Neuroendocrine perspectives on social attachment and love. *Psychoneuroendocrinology* **23** : 779-818, 1998.
4) Bowlby J : Attachment and Loss, Vol. 1, Attachment, Hogarth, London, 1969.
5) Nagasawa M, Okabe S, Mogi K, Kikusui T : Oxytocin and mutual communication in mother-infant bonding. *Front Human Neurosci* **6** : 2012.
6) Winslow JT, Noble PL, Lyons CK, Sterk SM, Insel TR : Rearing effects on cerebrospinal fluid oxytocin concentration and social buffering in rhesus monkeys. *Neuropsychopharmacology* **28** : 910-918, 2003.
7) De Waal F : The Age of Empathy, Harmony Books, 2009.
8) Kikusui T, Winslow JT, Mori Y : Social buffering : relief from stress and anxiety. *Philos Trans R Soc Lond B Biol Sci* **361** : 2215-2228, 2006.
9) Darwin C : The Descent of Man, John Murray, London, 1871.
10) Langford DJ, Crager SE, Shehzad Z, Smith SB, Sotocinal SG, Levenstadt JS, Chanda ML, Levitin DJ, Mogil JS : Social modulation of pain as evidence for empathy in mice. *Science* **312** : 1967-1970, 2006.
11) Liu D, Diorio J, Tannenbaum B, Caldji C, Francis D, Freedman A, Sharma S, Pearson D, Plotsky PM, Meaney MJ : Maternal care, hippocampal glucocorticoid receptors, and hypothalamic-pituitary-adrenal responses to stress. *Science* **277** : 1659-1662, 1997.
12) Kikusui T, Mori Y : Behavioural and neurochemical consequences of early weaning in rodents. *J Neuroendocrinol* **21** : 427-431, 2009.
13) Ross HE, Young LJ : Oxytocin and the neural mechanisms regulating social cognition and affiliative behavior. *Front Neuroendocrinol* **30** : 534, 2009.
14) Gordon I, Zagoory-Sharon O, Leckman JF, Feldman R : Oxytocin and the development of parenting in humans. *Biol Psychiatry* **68** : 377-382, 2010.
15) Champagne F, Meaney MJ : Like mother, like daughter : evidence for non-

genomic transmission of parental behavior and stress responsivity. *Prog Brain Res* **133** : 287-302, 2001.
16) Panksepp J, Burgdorf J : "Laughing" rats and the evolutionary antecedents of human joy? *Physiol Behav* **79** : 533-547, 2003.
17) McClintock MK : Menstrual synchrony and suppression. *Nature* **229** : 244-245, 1971.
18) Savic I, Berglund H, Gulyas B, Roland P : Smelling of odorous sex hormone-like compounds causes sex-differentiated hypothalamic activations in humans. *Neuron* **31** : 661-668, 2001.
19) Morris JA, Jordan CL, Breedlove SM : Sexual differentiation of the vertebrate nervous system. *Nat Neurosci* **7** : 1034-1039, 2004.
20) Stowers L, Holy TE, Meister M, Dulac C, Koentges G : Loss of sex discrimination and male-male aggression in mice deficient for TRP2. *Science* **295** : 1493-1500, 2002.
21) Haga S, Hattori T, Sato T, Sato K, Matsuda S, Kobayakawa R, Sakano H, Yoshihara Y, Kikusui T, Touhara K : The male mouse pheromone ESP1 enhances female sexual receptive behaviour through a specific vomeronasal receptor. *Nature* **466** : 118, 2010.
22) Dulac C, Torello AT : Molecular detection of pheromone signals in mammals : from genes to behaviour. *Nat Rev Neurosci* **4** : 551-562, 2003.
23) Potts WK, Manning CJ, Wakeland EK : Mating patterns in seminatural populations of mice influenced by MHC genotype. *Nature* **352** : 619-621, 1991.
24) Wedekind C, Seebeck T, Bettens F, Paepke AJ : MHC-dependent mate preferences in humans. *Proc Biol Sci* **260** : 245-249, 1995.
25) Holy TE, Guo Z : Ultrasonic songs of male mice. *PLoS Biol* **3** : e386, 2005.
26) Kikusui T, Nakanishi K, Nakagawa R, Nagasawa M, Mogi K, Okanoya K : Cross fostering experiments suggest that mice songs are innate. *PLoS One* **6** : e17721, 2011.
27) Sue Carter C, Courtney Devries A, Getz LL : Physiological substrates of mammalian monogamy : the prairie vole model. *Neurosci Biobehav Rev* **19** : 303-314, 1995.
28) Young LJ, Wang Z : The neurobiology of pair bonding. *Nat Neurosci* **7** : 1048-1054, 2004.
29) Moyer KE : The Psychobiology of Aggression, Harper & Row, New York, 1976.
30) Scott JP : Agonistic behavior of mice and rats : a review. *Am Zool* **6** : 683-701,

1966.

31) van Honk J, Montoya ER, Bos PA, van Vugt M, Terburg D : New evidence on testosterone and cooperation. *Nature* **485** : E4-E5, 2012.

32) Yamazaki K, Yamaguchi M, Baranoski L, Bard J, Boyse EA, Thomas L : Recognition among mice. Evidence from the use of a Y-maze differentially scented by congenic mice of different major histocompatibility types. *J Exp Med* **150** : 755-760, 1979.

33) Chamero P, Marton TF, Logan DW, Flanagan K, Cruz JR, Saghatelian, A, Cravatt BF, Stowers L : Identification of protein pheromones that promote aggressive behaviour. *Nature* **450** : 899-902, 2007.

34) Sapolsky RM : The influence of social hierarchy on primate health. *Science* **308** : 648-652, 2005.

4. 共 感 の 進 化

1) de Waal FBM : The Age of Empathy : Nature's Lessons for a Kinder Society, Souvenir, London, 2006.

2) Church RM : Emotional reaction of rats to the pain of others. *J Comp Physiol Psychol* **52** : 132-134, 1959.

3) Watanabe S, Ono K : An experimental analysis of "empathetic" response : Effects of pain reactions of pigeons upon other pigeon's operant behavior. *Behav Process* **13** : 269-277, 1986.

4) Wechkin SM, Masserman JH, Terris W Jr : Shock to a conspecific as an aversive stimulus. *Psychonom Sci* **1** : 47-48, 1964.

5) Langford DJ, Tuttle AH, Briscoe C, Harvey-Lewis C, Baran I, Gleeson P, Fischer DB, Buonora M, Sternberg WF, Mogil JS : Varying perceived social threat modulates pain behavior in male mice. *J Pain* **12** : 125-132, 2006.

6) Watanabe S : Empathy and reversed empathy of stress in mice. *PLoS One* **6** : e23357, 2011.

7) Mirsky I, Miller A, Murphy RE, John V : The communication of affect in rhesus monkeys. *J Am Psychoanal Assoc* **6** : 433-441, 1958.

8) Rice GE, Gainer P : "Altruism" in the albino rats. *J Comp Physiol Psychol* **55** : 23-125, 1962.

9) Curio E, Emst U, Vieth W : Cultural transmission of enemy recognition : One function of mobbing. *Science* **202** : 899-901, 1978.

10) Watanabe S : Drug-social interactions in the reinforcing property of

methamphetamine in mice. *Behav Pharmacol* **22**：203-206, 2011.
11) Galef BG, Mason JR, Preti G, Bean NJ：Carbon disulfide：a semiochemical mediating socially-induced diet choice in rats. *Physiol Behav* **42**：119-124, 1988.
12) Brosnan SF, de Waal BM：Monkeys reject unequal pay. *Nature* **425**：297-299, 2003.
13) Van Dijk W, vn Koningsbruggen GM, Ouwerkerk JW, Wesseling YM：Self-esteen, self-affirmation and schadenfreude. *Emotion* **11**：1145-1149, 2011.
14) Watanabe S：The dominant/subordinate relationship between mice modifies the approach behavior toward a cage mate experiencing pain. *Behav Processes* **101**：1-4, 2013.

5. 情動脳の進化

1) MacLean PD, Kral VA：A Triune Concept of the Brain and Behaviour, University of Toronto Press, Toronto, Buffalo, 1973.
2) Olds J, Milner P：Positive reinforcement produced by electrical stimulation of septal area and other regions of rat brain. *J Comp Physiol Psychol* **47**：419-427, 1954.
3) Kluver H, Bucy PC：Preliminary analysis of functions of the temporal lobes in monkeys. *Arch Neurol Psychiatry* **42**：979-1000, 1939.
4) Aron A et al：Reward, motivation, and emotion systems associated with early-stage intense romantic love. *J Neurophysiol* **94**：327-337, 2005.
5) Dunbar RI et al：Human conversational behavior. *Human Nature* **8**：231-246, 1997.
6) Naaman M et al：Is it really about me?：Message content in social awareness streams. Paper presented at the Proceedings of the 2010 ACM conference on Computer supported cooperative work, 2010.
7) Tamir DI, Mitchell JP：Disclosing information about the self is intrinsically rewarding. *Proc Natl Acad Sci USA* **109**：8038-8043, 2012.
8) Tom SM et al：The neural basis of loss aversion in decision-making under risk. *Science* **315**：515-518, 2007.
9) Salimpoor VN et al：Anatomically distinct dopamine release during anticipation and experience of peak emotion to music. *Nat Neurosci* **14**：257-262, 2011.
10) Bechara A et al：Double dissociation of conditioning and declarative knowledge relative to the amygdala and hippocampus in humans. *Science* **269**：1115-1118, 1995.

11) Bechara A et al : Insensitivity to future consequences following damage to human prefrontal cortex. *Cognition* **50** : 7-15, 1994.
12) Damasio AR : The somatic marker hypothesis and the possible functions of the prefrontal cortex. *Philos Trans R Soc Lond B Biol Sci* **351** : 1413-1420, 1996.
13) Romo R, Schultz W : Dopamine neurons of the monkey midbrain : Contingencies of responses to active touch during self-initiated arm movements. *J Neurophysiol* **63** : 592-606, 1990.
14) Swanson LW : The amygdala and its place in the cerebral hemisphere. *Ann NY Acad Sci* **985** : 174-184, 2003.
15) Kalin NH et al : The role of the central nucleus of the amygdala in mediating fear and anxiety in the primate. *J Neurosci* **24** : 5506-5515, 2004.
16) Baxter MG et al : Control of response selection by reinforcer value requires interaction of amygdala and orbital prefrontal cortex. *J Neurosci* **20** : 4311-4319, 2000.
17) LeDoux JE et al : Subcortical efferent projections of the medial geniculate nucleus mediate emotional responses conditioned to acoustic stimuli. *J Neurosci* **4** : 683-698, 1984.
18) Kapp BS et al : Amygdala central nucleus lesions : Effect on heart rate conditioning in the rabbit. *Physiol Behav* **23** : 1109-1117, 1979.
19) Nader K et al : Damage to the lateral and central, but not other, amygdaloid nuclei prevents the acquisition of auditory fear conditioning. *Learn Mem* **8** : 156-163, 2001.
20) LeDoux JE et al : Different projections of the central amygdaloid nucleus mediate autonomic and behavioral correlates of conditioned fear. *J Neurosci* **8** : 2517-2529, 1988.
21) Gray TS et al : Ibotenic acid lesions in the bed nucleus of the stria terminalis attenuate conditioned stress-induced increases in prolactin, acth and corticosterone. *Neuroendocrinology* **57** : 517-524, 1993.
22) Jarrell TW et al : Involvement of cortical and thalamic auditory regions in retention of differential bradycardiac conditioning to acoustic conditioned stimuli in rabbits. *Brain Res* **412** : 285-294, 1987.
23) Morgan MA, LeDoux JE : Differential contribution of dorsal and ventral medial prefrontal cortex to the acquisition and extinction of conditioned fear in rats. *Behav Neurosci* **109** : 681-688, 1995.
24) Phillips RG, LeDoux JE : Differential contribution of amygdala and hippocampus

to cued and contextual fear conditioning. *Behav Neurosci* **106**: 274-285, 1992.
25) Husband SA, Shimizu T: Calcium-binding protein distributions and fiber connections of the nucleus accumbens in the pigeon (columba livia). *J Comp Neurol* **519**: 1371-1394, 2011.
26) Izawa E et al: Localized lesion of caudal part of lobus parolfactorius caused impulsive choice in the domestic chick: Evolutionarily conserved function of ventral striatum. *J Neurosci* **23**: 1894-1902, 2003.
27) Thompson RR et al: Role of the archistriatal nucleus taeniae in the sexual behavior of male japanese quail (coturnix japonica): A comparison of function with the medial nucleus of the amygdala in mammals. *Brain Behav Evol* **51**: 215-229, 1998.
28) Güntürkün O: The avian 'prefrontal cortex' and cognition. *Curr Opin Neurobiol* **15**: 686-693, 2005.
29) Marin O et al: Basal ganglia organization in amphibians: Evidence for a common pattern in tetrapods. *Prog Neurobiol* **55**: 363-397, 1998.
30) Moreno N, Gonzalez A: Evolution of the amygdaloid complex in vertebrates, with special reference to the anamnio-amniotic transition. *J Anat* **211**: 151-163, 2007.
31) Rink E, Wullimann MF: Connections of the ventral telencephalon and tyrosine hydroxylase distribution in the zebrafish brain (danio rerio) lead to identification of an ascending dopaminergic system in a teleost. *Brain Res Bull* **57**: 385-387, 2002.
32) Yamamoto K, Vernier P: The evolution of dopamine systems in chordates. *Front Neuroanat* **5**: 21, 2011.
33) Portavella M et al: Avoidance response in goldfish: Emotional and temporal involvement of medial and lateral telencephalic pallium. *J Neurosci* **24**: 2335-2342, 2004.
34) Aoki T et al: Imaging of neural ensemble for the retrieval of a learned behavioral program. *Neuron* **78**: 881-894, 2013.
35) Neumeyer C: Tetrachromatic color vision in goldfish: Evidence from color mixture experiments. *J Comp Physiol A* **171**: 639-649, 1992.

●索　引

agonistic behavior　88
aphrodisin　76
camouflage　132
CD38　65
Einfühlung　100
FACS　35
fMRI による妬み測定　134
GABA　15
GABA$_A$ 受容体　21, 61
grunt　165
HLA　82
HPA 軸　24, 61
hum　165
in vivo ボルタメトリ　11
MHC　82
NCL　159
non-genomic transmission　69
rough and tumble play　72
TRCP2　80
β-エンドルフィン　14
μ 受容体　14

ア　行

アイオワ・ギャンブリング課題　148
愛着行動　55, 63
愛着理論　54
アイヒマン実験　115
あくびがうつる現象　44
遊び攻撃行動　71
遊び行動　71
　　ラットの──　73
阿片　13
アルコール　21
アログルーミング　95
安全基地　54
アンドロゲン　74
アンドロゲンシャワー　78, 88
アンドロステノン　76
安寧効果　63
アンフェタミン　117

育仔経験　68
イサリビガマアンコウ　165
一夫一妻制　85
一夫多妻制　85
意図理解　56
イルカ　96
インバースアゴニスト　22
隠蔽　132

ウルバッハ-ビーテ病　146

笑顔　3, 34
エクマン，P　35
エストロゲン　75
エピジェネシス　47
エンケファリン　14
援助行動　120
延滞条件づけ　25

オキシトシン　29, 62, 65, 86
オス型行動　52
オス型脳　79
オス臭さ　91
オス効果　75
オピオイド　13, 72
オペラント行動　139
オールズ，J　8, 139

カ　行

外傷後ストレス症候群　25
快度軸　38
外翻　161
快楽　3
──の表情　4
カウンターマーキング　90
顔表情　34
　　──による情動表出　34
覚醒度軸　38
隔離声　44
価値減少　153
葛藤解決行動　96
葛藤テスト　22
カテコラミン　10, 23
カテゴリー説　38
観察学習　113
感受期　64
感情　2
感情移入　100
感情誘発機能　28
顔面動作符号化システム　35
顔面ミラーリング　43

機械学習　99
希釈効果　56
気分線画評定尺度　67
逆共感　106
ギャンブルに関する意思決定　143
求愛行動　77
　　──の連鎖　77
求愛ディスプレイ　77
救援行動　112
嗅覚シグナル　59
急速顔面模倣　43
吸入シグナル　63
共感　57, 100
共通経験　103, 109
共同注視　56
恐怖　4
　　──による驚愕反応の増強　25
　　──の徴候　5

恐怖緩和物質　26
恐怖記憶　25
恐怖条件づけ　18, 153
恐怖反応　20
魚類の痛み　45
魚類のドーパミン・ニューロン　160
キンカチョウ　44

クリューバー-ビューシー症候群　141
グルココルチコイド　54, 65, 87

警告システム　19
毛づくろい　61, 69
嫌悪　5
嫌悪刺激　17
嫌悪性記憶　110
原初情動モデル　49

行為喚起機能　28
攻撃性　89
攻撃をかき立てる匂い　91
交差損傷　152
拘束ストレス　110
行動変容　33
交配嗜好性　82
黒質　10, 164
コルチコステロン　61, 103
コルチコトロピン放出因子　24
痕跡条件づけ　25

サ　行

サイクリック ADP リボース　65
サンガクハタネズミ　85
三位一体説　136

シェラー，KR　49
色素胞　132
次元説　38
自己認知　103
視床下部　8
自然選択　137
嫉妬　107

嫉妬回避　125
室傍核　62
シナプス　6
社会的緩衝　54, 57, 65, 110, 121
社会的シグナル　60
社会的順位　93, 127
社会的促進　103
社会的伝播　119
社会的認知　63, 100
シャーデンフロイデ　106, 133
　　マウスの——　126
ジュウシマツ　46
集団の凝集性　131
主要組織適合抗原複合体　91
受容体　14
馴化　63
鞘形類　132
条件回避反応　17
条件刺激　18, 109
条件性場所選好　116
条件づけ　108
条件づけ場所嗜好性テスト　72
状態一致性　105
情動　2, 33
　　——の構造　27
情動状態　36
情動処理に関する脳部位　40
情動伝染　44, 57, 105
情動認知　33
情動脳　136
情動表出　33, 101
　　発声による——　36
情報付与機能　28
食物嫌悪学習　114
触覚シグナル　61
鋤鼻器　79
進化の梯子　137
神経伝達物質　6
新生児模倣　102
新哺乳類脳　136
親和的社会行動　97

スキナー箱　138
すくみ行動　18
ストレスホルモン　23
スプレーマーキング　90

性差と嫉妬　125
正の共感　104
青斑核　23
生物学的絆　54
世代間伝播　69
接近行動　3
絶対的順位　93
ゼブラフィッシュ　30
潜在脳　31
線条体　10
選択的養育行動　59
前頭前野　86, 142

相互互恵　120
相対的社会比較　121
相対的順位　93
早発性微小苦痛　18
側坐核　10, 49, 86, 142
側頭葉　140
ソマティック・マーカー仮説　149

タ　行

大脳基底核　142
ダーウィン，C　1, 33, 57, 100
脱馴化　64

中脳水道周辺灰白質　16, 18
中脳ドーパミン系　140, 142
中脳皮質系路　142
中脳辺縁系　142
聴覚シグナル　59
鳥類のドーパミン・ニューロン　157
直線的な順位関係　93
鎮静フェロモン　76
チンパンジーの表情カテゴリー　41
チンパンジー版 FACS　41

手当　66
デカルト，R　3
敵意　36
適応的行動　53
テストステロン　73
デュシャンヌ，B　34

デュシャンヌ型微笑　35

動機構造規則　36
糖質コルチコイド　24, 25
同情　57, 105
頭足類　132
道徳　115
逃避行動　4
独裁的順位関係　94
ドーパミン　10, 140
ドーパミン・ニューロン　150
　　魚類の――　160
　　鳥類の――　157
　　両生類の――　164

ナ　行

仲直り　97
仲間の匂い　92
縄張り行動　89

二重焦点化　106
ニワトリのつつきの順位　94
認知的共感　105
認知バイアス課題　41, 51

脳内自己刺激　8, 139
脳内の報酬系　8
ノルアドレナリン　21

ハ　行

パーソナル・スペース　146
バソプレッシン　29, 86
爬虫類脳　136
罰系　17
発声による情動表出　36
パニック発作　20
パブロフ，I　17, 153
バルビツール酸類　21
パンクセップ，J　49, 72
繁殖経験　68
微細行動解析　98
非デュシャンヌ型微笑　35
ヒトの母子関係　67

表情筋　35

不安軽減　66
不快　5
副腎皮質刺激ホルモン　24, 61
腹側淡蒼球　86
腹側被蓋野　10, 140, 164
不公平性嫌悪　123
負の共感　104
負の情動反応　105
不平等の起源　123
普遍道徳　115
フリージング　18
ブルース効果　76
プレーリーハタネズミ　85
プロゲステロン　81
分界状床核　16, 25

ペース配分行動　81
ペプチドホルモン　81
ベリッジ，KC　4
辺縁系　141
ベンゾジアゼピン　21
扁桃体　16, 19, 141, 152

報酬　3
　　――の認知　11
報酬系　8, 138
報酬探索　3, 8
母子間の絆形成　55
哺乳類脳　136

マ　行

マウス主要尿タンパク　90
マウスにおける痛みの伝播　58
マウスの歌構造　83
マウスの社会的順位　127
マウスのシャーデンフロイデ　126
前関心　113
マカクザル　44
マーキング行動　89
マッチング　102

ミツバチの情動知覚　42
ミラーニューロン　43, 46

無条件刺激　109
六つの基本情動　35

メス型行動　52

最も心地よい匂い　83
モッピング反応　114
モルヒネ　13

ヤ　行

薬物自己投与行動　10

誘因行動　80
宥和　36

養育行動　55, 68
幼形成熟　71
要素過程モデル　49
幼若個体感作　68
予期不安　20
より小さな行動　99

ラ　行

ラットの遊び行動　73
ラットの痛み表情　45
ラビング行動　97
ランナーズ・ハイ　17

理性脳　138
両生類のドーパミン・ニューロン　164

ルドゥー，J　19

劣位ストレス　94

ロードシス　80

ワ　行

笑いの伝染　44

編者略歴

渡辺　茂（わたなべ・しげる）

1948 年　東京都に生まれる
1975 年　慶應義塾大学大学院文学研究科博士課程修了
現　在　慶應義塾大学・名誉教授
　　　　文学博士

菊水健史（きくすい・たけふみ）

1970 年　鹿児島県に生まれる
1994 年　東京大学農学部獣医学科卒業
1999 年　東京大学大学院農学生命科学研究科博士号取得
現　在　麻布大学獣医学部動物応用科学科・教授
　　　　獣医学博士

情動学シリーズ 1
情 動 の 進 化
―動物から人間へ―
定価はカバーに表示

2015 年 5 月 25 日　初版第 1 刷
2018 年 7 月 15 日　　第 2 刷

編　者　渡　辺　　　茂
　　　　菊　水　健　史
発行者　朝　倉　誠　造
発行所　株式会社　朝倉書店
　　　　東京都新宿区新小川町 6-29
　　　　郵便番号　162-8707
　　　　電　話　03(3260)0141
　　　　Ｆ Ａ Ｘ　03(3260)0180
　　　　http://www.asakura.co.jp

〈検印省略〉

© 2015〈無断複写・転載を禁ず〉　　　印刷・製本 東国文化

ISBN 978-4-254-10691-6　C 3340　　　Printed in Korea

JCOPY ＜(社)出版者著作権管理機構　委託出版物＞

本書の無断複写は著作権法上での例外を除き禁じられています．複写される場合は，そのつど事前に，(社)出版者著作権管理機構（電話 03-3513-6969，FAX 03-3513-6979, e-mail: info@jcopy.or.jp）の許諾を得てください．

広島大 山脇成人・富山大 西条寿夫編
情動学シリーズ2
情動の仕組みとその異常
10692-3 C3340　　　　　A 5 判 232頁 本体3700円

分子・認知・行動などの基礎，障害である代表的精神疾患の臨床を解説。〔内容〕基礎編(情動学習の分子機構／情動発現と顔・脳発達・報酬行動・社会行動)，臨床編(うつ病／統合失調症／発達障害／摂食障害／強迫性障害／パニック障害)

椙山女大 五百部裕・名工大 小田 亮編
心と行動の進化を探る
―人間行動進化学入門―
52304-1 C3011　　　　　A 5 判 216頁 本体2900円

人間行動に関わる研究成果から「心の進化」を解説した人間行動進化学の入門テキスト。〔内容〕進化と人間行動／ヒトはなぜ助け合うのか／人はなぜ違うのか／ヒトはなぜ恋愛するのか／認知考古学が示す認知進化のプロセス／人間行動の観察法

東京成徳大 海保博之監修　甲子園大 南 徹弘編
朝倉心理学講座3
発 達 心 理 学
52663-9 C3311　　　　　A 5 判 232頁 本体3600円

発達の生物学的・社会的要因について，霊長類研究まで踏まえた進化的・比較発達的視点と，ヒトとしての個体発達的視点の双方から考察。〔内容〕I. 発達の生物的基盤／II. 社会性・言語・行動発達の基礎／III. 発達から見た人間の特徴

東京成徳大 海保博之監修　同志社大 鈴木直人編
朝倉心理学講座10
感 情 心 理 学
52670-7 C3311　　　　　A 5 判 224頁 本体3600円

諸科学の進歩とともに注目されるようになった感情(情動)について，そのとらえ方や理論の変遷を展望。〔内容〕研究史／表情／認知／発達／健康／脳・自律反応／文化／アレキシサイミア／攻撃性／罪悪感と羞恥心／パーソナリティ

C. ダーウィン著　堀 伸夫・堀 大才訳
種 の 起 原 (原書第6版)
17143-3 C3045　　　　　A 5 判 512頁 本体4800円

進化論を確立した『種の起原』の最終版・第6版の訳。1859年の初版刊行以来，ダーウィンに寄せられた様々な批判や反論に答え，何度かの改訂作業を経て最後に著した本書によって，読者は彼の最終的な考え方や思考方法を知ることができよう。

◆ 脳科学ライブラリー〈全7巻〉 ◆
津本忠治編集／進展著しい領域を平易に解説

理研 加藤忠史著
脳科学ライブラリー1
脳 と 精 神 疾 患
10671-8 C3340　　　　　A 5 判 224頁 本体3500円

うつ病などの精神疾患が現代社会に与える影響は無視できない。本書は，代表的な精神疾患の脳科学における知見を平易に解説する。〔内容〕統合失調症／うつ病／双極性障害／自閉症とAD/HD／不安障害・身体表現性障害／動物モデル／他

東北大 大隅典子著
脳科学ライブラリー2
脳 の 発 生・発 達
―神経発生学入門―
10672-5 C3340　　　　　A 5 判 176頁 本体2800円

神経発生学の歴史と未来を見据えながら平易に解説した入門書。〔内容〕神経誘導／領域化／神経分化／ニューロンの移動と脳構築／軸索伸長とガイダンス／標的選択とシナプス形成／ニューロンの生死と神経栄養因子／グリア細胞の産生

富山大 小野武年著
脳科学ライブラリー3
脳 と 情 動
―ニューロンから行動まで―
10673-2 C3340　　　　　A 5 判 240頁 本体3800円

著者自身が長年にわたって得た豊富な神経行動学的研究データを整理・体系化し，情動と情動行動のメカニズムを総合的に解説した力作。〔内容〕情動，記憶，理性に関する概説／情動の神経基盤，神経心理学・行動学，神経行動科学，人文社会学

慶大 岡野栄之著
脳科学ライブラリー4
脳 の 再 生
―中枢神経系の幹細胞生物学と再生戦略―
10674-9 C3340　　　　　A 5 判 136頁 本体2900円

中枢神経系の再生医学を目指す著者が，自らの研究成果を含む神経幹細胞研究の進歩を解説。〔内容〕中枢神経系の再生の概念／神経幹細胞とは／神経幹細胞研究ツールの発展／神経幹細胞の制御機構の解析／再生医療戦略／疾患・創薬研究

上記価格（税別）は 2018 年 6 月現在